电子电气信息类专业系列教材

<<<<

>>>> 左官芳　王新蕾　编著

嵌入式系统实验指导教程

U0197912

江苏大学出版社
JIANGSU UNIVERSITY PRESS

镇　江

>>>>

图书在版编目(CIP)数据

嵌入式系统实验指导教程／左官芳，王新蕾编著
. —镇江：江苏大学出版社,2020.12
ISBN 978-7-5684-1491-3

Ⅰ.①嵌… Ⅱ.①左… ②王… Ⅲ.①微型计算机-
系统设计-实验-教材 Ⅳ.①TP360.21-33

中国版本图书馆 CIP 数据核字(2020)第 237230 号

嵌入式系统实验指导教程
Qianrushi Xitong Shiyan Zhidao Jiaocheng

编　著/左官芳　王新蕾
责任编辑/徐　婷
出版发行/江苏大学出版社
地　　址/江苏省镇江市梦溪园巷 30 号(邮编：212003)
电　　话/0511-84446464(传真)
网　　址/http://press.ujs.edu.cn
排　　版/镇江文苑制版印刷有限责任公司
印　　刷/江苏凤凰数码印务有限公司
开　　本/787 mm×1 092 mm　1/16
印　　张/16.5
字　　数/395 千字
版　　次/2020 年 12 月第 1 版
印　　次/2020 年 12 月第 1 次印刷
书　　号/ISBN 978-7-5684-1491-3
定　　价/50.00 元

如有印装质量问题请与本社营销部联系(电话：0511-84440882)

前言

参照教育部高等学校教学指导委员会编写的《普通高等学校本科专业类教学质量国家标准》（高等教育出版社，2018），结合目前 FPGA 和嵌入式系统设计课程教学的基本要求，编者编写了本书。

本书是"EDA 技术和 VHDL 设计"与"嵌入式系统设计"课程的综合实验教材，旨在将学生已有的 FPGA 和嵌入式理论知识与实际有机结合起来，巩固已学知识，逐步培养和提高学生独立分析和工程应用的能力，为进一步学习专业知识、拓宽专业领域、运用新技术，打下良好基础。

本实验教程针对嵌入式综合实验系统所编写。嵌入式综合实验平台主要用于核心模块的安装、插接和更换，本教程实验主要运用 Altera Cyclone IV FPGA 系统核心板和STM32F407 嵌入式系统核心板，另外配置了公共的实验装置接口板，可根据每个实验项目的任务目标自由选择安装配置。实验平台面板可提供+5 V、+3.3 V 直流电源，平台可以实现教程所列的全部实验项目，也可进行开发创新实践。

本书内容主要包含 4 篇：

第 1 篇：嵌入式实验装置的硬件结构介绍。

第 2 篇：以 Altera Cyclone IV 为核心的 FPGA 实验，包含基础部分和开发创新实验，基础部分包括 25 个实验项目，开发创新实验包括 4 个实验项目。

第 3 篇：以 STM32F407ARM 为核心的 Cortex-M4 嵌入式系统实验，包含基础部分和开发创新实验，基础部分包括 23 个实验项目，开发创新实验包括 18 个实验项目。

第 4 篇：实验参考程序。

每个实验系列均包含基础实验和开发创新实践项目，各个部分内容既有一定的联系，又具有相对独立性，便于读者选用。

本书由左官芳、王新蕾编写而成。左官芳负责第 1 篇、第 3 篇、第 4 篇的编写，王新蕾负责第 2 篇的编写。

本书的出版得到了 2019 年江苏高校一流专业（电了信息工程，No. 289）建设项目、2019 年无锡市信息技术（物联网）扶持资金（第三批）扶持项目即高等院校物联网专业新设奖励项目（通信工程，No. D51）的大力支持。在此表示衷心感谢！

由于编者水平有限，书中难免存在不足之处，恳请读者提出宝贵意见！

第 1 篇

实验装置系统硬件介绍

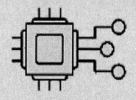

第1章　实验装置系统核心板和接口板简介

1.1　综述

1.1.1　系统布局

本嵌入式电子技术实验装置是一套通用的综合型教学实验系统，该系统涵盖了FPGA现场可编程门阵列系统、ARM Cortex-M4嵌入式系统，并配有相关的实验接口模块，一机多用，适配灵活，扩展方便。

实验装置为左右双工位设计，每个工位的底板可同时安装2块核心板及4块接口板，底板的平面图如图1.1.1所示。

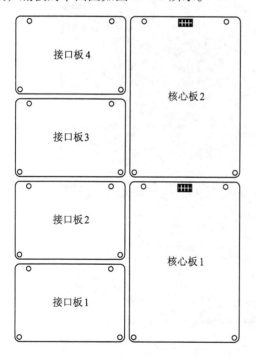

图 1.1.1　实验装置底板布局图

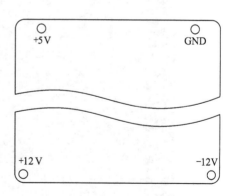

图 1.1.2　核心板/接口板供电示意图

1.1.2　电源接入

实验装置内置高性能开关电源，可通过底板正下方的开关通过紧固的螺丝及铜柱向每个核心板/接口板提供+5 V、±12 V直流电源。核心板/接口板的供电示意图如图1.1.2所示。

1.1.3　核心板 USB 接入

核心板自带 USB 接口的仿真器/下载器，通过核心板上方的双排座从底板接入 PC 的 USB 接口，其引脚定义如图 1.1.3 所示。

USB 接口 VBUS 为 HOST/HUB 向 USB 设备供电的+5 V 电源线，因实验装置自带电源，所以核心板不从 USB 取电，用户在设计自己的核心板时可忽略 VBUS 线的接入。

图 1.1.3　核心板 USB 接口引脚定义

1.2　实验装置核心板

（1）STM32F407 嵌入式系统核心板（见图 1.2.1）。

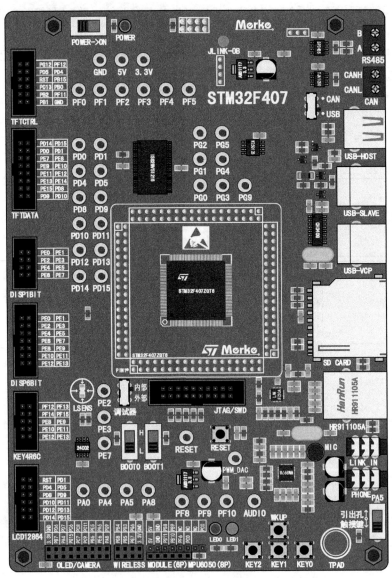

图 1.2.1　STM32F407 嵌入式系统核心板布局图

（2）Altera Cyclone IV FPGA 系统核心板（见图 1.2.2）。

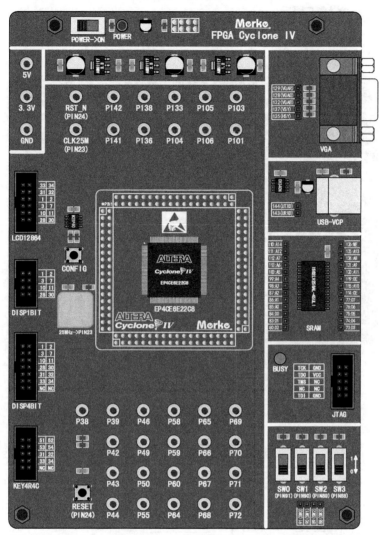

图 1.2.2　Altera Cyclone IV FPGA 系统核心板布局图

1.3 实验装置接口板

（1）PEIO 接口板（见图 1.3.1～图 1.3.4）。

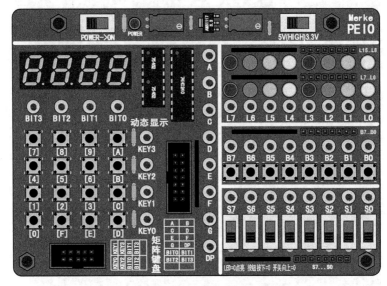

图 1.3.1　PEIO 接口板布局图

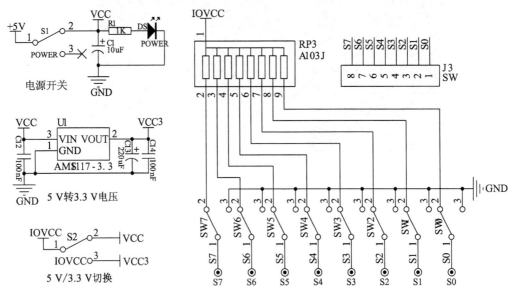

图 1.3.2　PEIO 接口板电源及逻辑电平开关原理图（1/3）

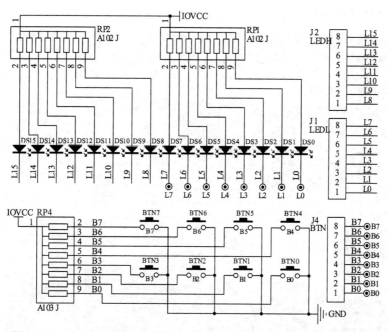

图 1.3.3　PEIO 接口板 16 位发光二极管及 8 位独立按键原理图（2/3）

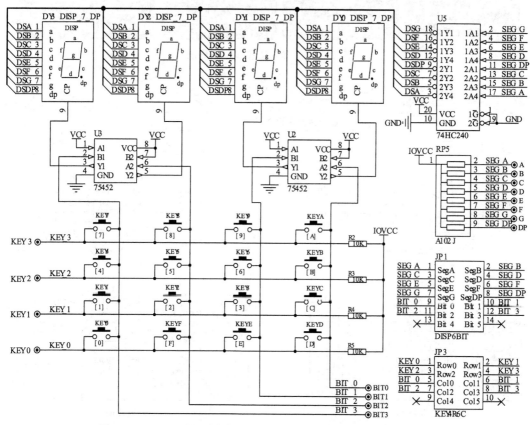

图 1.3.4　PEIO 接口板动态数码管显示及矩阵键盘原理图（3/3）

（2）PESER 接口板（见图 1.3.5~图 1.3.7）。

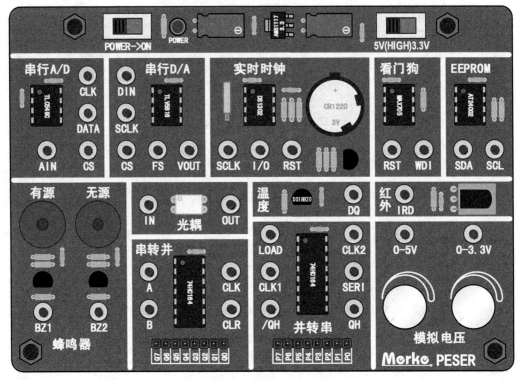

图 1.3.5　PESER 接口板布局图

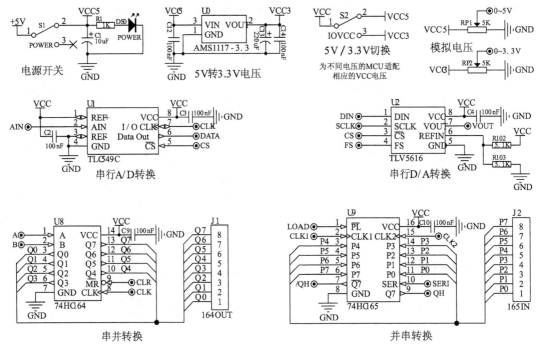

图 1.3.6　PESER 接口板原理图（1/2）

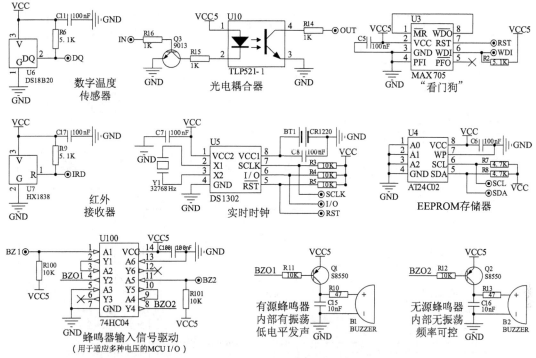

图 1.3.7　PESER 接口板原理图（2/2）

（3）PEAD 接口板（见图 1.3.8 和图 1.3.9）。

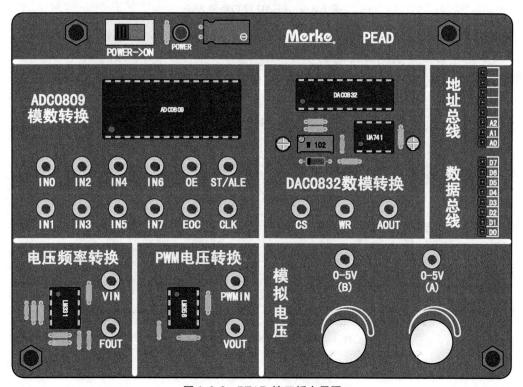

图 1.3.8　PEAD 接口板布局图

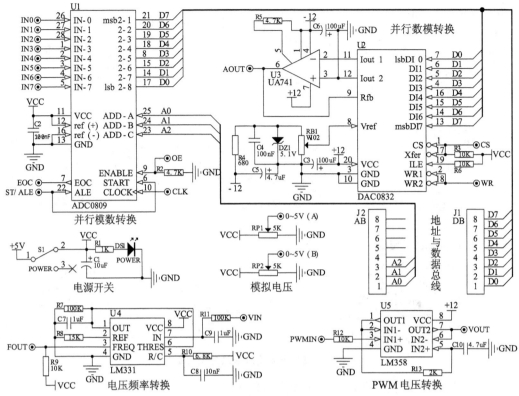

图 1.3.9　PEAD 接口板原理图

（4）PEDISP1 接口板（见图 1.3.10 和图 1.3.11）。

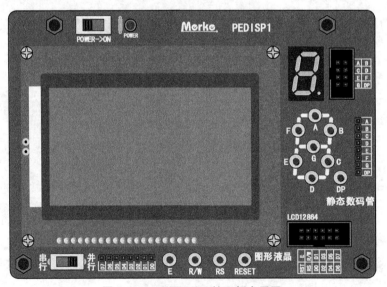

图 1.3.10　PEDISP1 接口板布局图

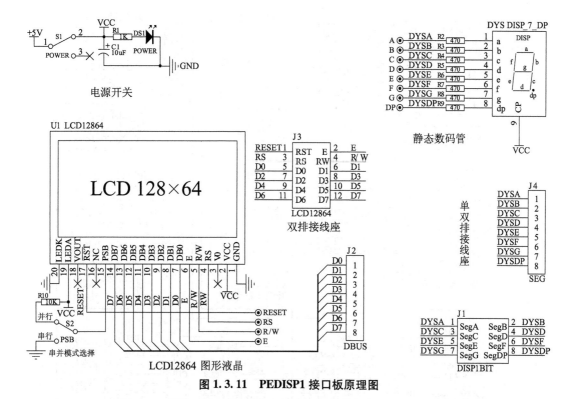

图 1.3.11　PEDISP1 接口板原理图

（5）PEDISP2 接口板（见图 1.3.12 和图 1.3.13）。

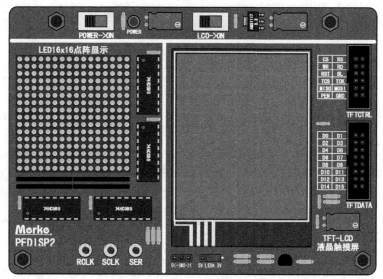

图 1.3.12　PEDISP2 接口板布局图

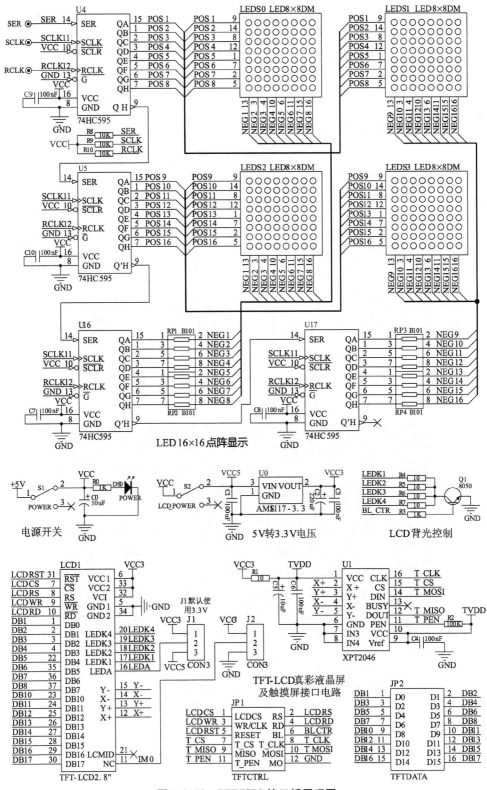

图 1.3.13　PEDISP2 接口板原理图

（6）PE74X 接口板（见图 1.3.14 和图 1.3.15）。

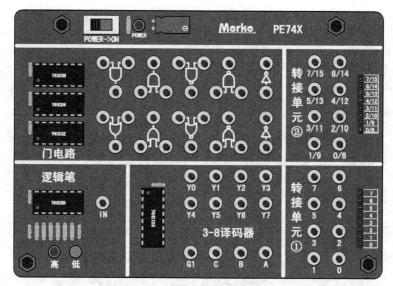

图 1.3.14　PE74X 接口板布局图

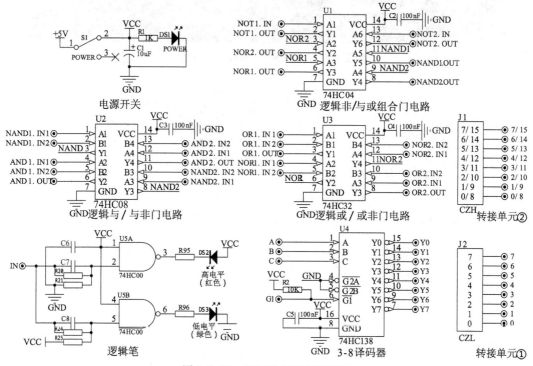

图 1.3.15　PE74X 接口板原理图

（7）PEMOT 接口板（见图 1.3.16~图 1.3.18）。

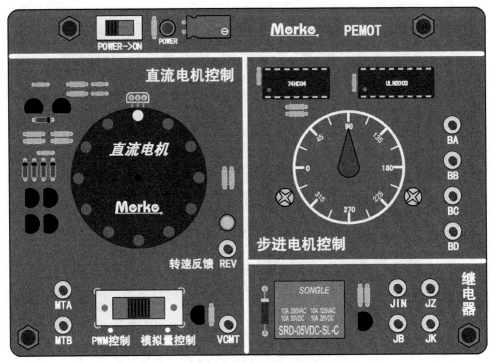

图 1.3.16　PEMOT 接口板布局图

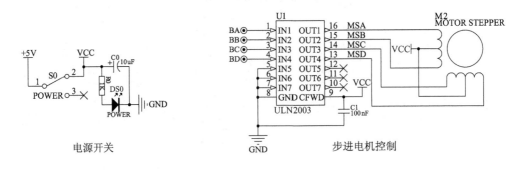

电源开关　　　　　　　　　　　　　　　　　　步进电机控制

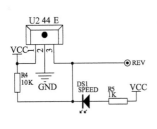

霍尔测速

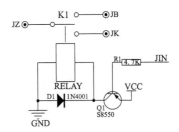

继电器控制

图 1.3.17　PEMOT 接口板原理图（1/2）

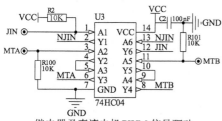

继电器及直流电机 PWM 信号驱动

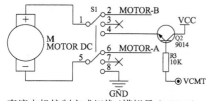

直流电机控制方式切换（模拟量 / PWM）

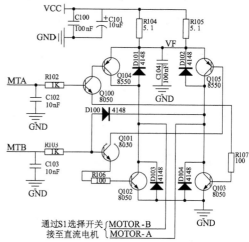

通过 S1 选择开关接至直流电机 MOTOR - B / MOTOR - A

直流电机 "H桥" 驱动电路

关于直流电机 " H桥 " 驱动电路

　　当输出到 MTA 的电平为高电平时，则 Q100 、Q103 导通→Q104 导通→MOTOR - B 点为 VCC(+ 5 V)，Q103 导通→MOTOR - A 点为 GND，此时直流电机将会正转。由于 Q103 的集电极通过一个二极管 D100 连接到 H桥 的另一个控制端 MTB，将 MTB 控制端电压钳在 1.0 V 以下，所以不管输出到 MTB 的信号是高电平还是低电平，Q101 、Q102 都会截止→Q105 截止，不会造成 H桥 短路故障。

　　当输出到 MTA 的电平为低电平时，则 Q100 、Q103 截止→Q104 截止，输出到 MTB 的电平可以控制电机反转或停机。若输出到 MTB 的电平为高电平，则 Q101 、Q102 导通→Q105 导通→MOTOR - A 点为 VCC(+ 5 V)，Q102 导通→MOTOR - B 点为 GND，此时直流电机将会反转。当输出到 MTB 的电平为低电平时，Q101 、Q102 都会截止→Q105 截止，电机停机。

　　二极管 D101 ～D104 为续流二极管，用于释放电机线圈上产生的反电动势。电阻 R104 、R105 为限流 / 保护电阻。

图 1.3.18　PEMOT 接口板原理图（2/2）

（8）PE86A 接口板（见图 1.3.19 和图 1.3.20）。

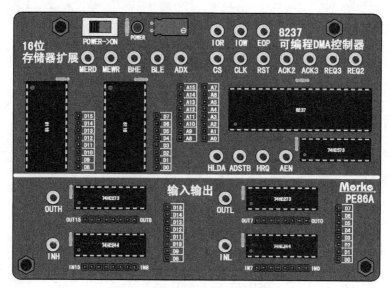

图 1.3.19　PE86A 接口板布局图

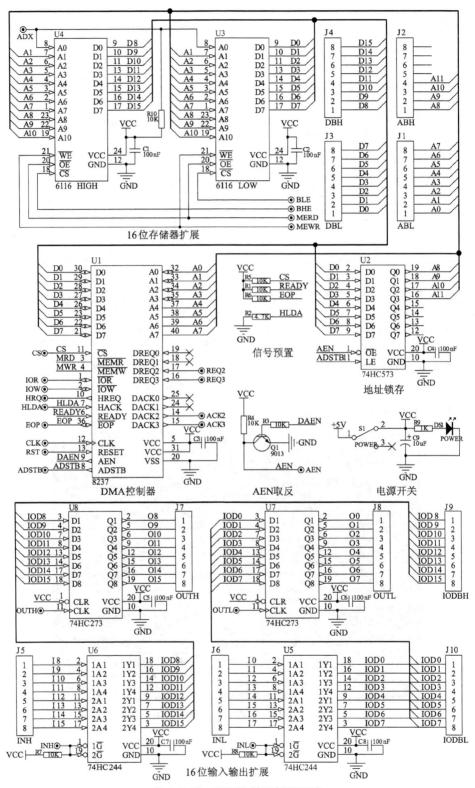

图 1.3.20　PE86A 接口板原理图

（9）PE86B 接口板（见图 1.3.21~图 1.3.23）。

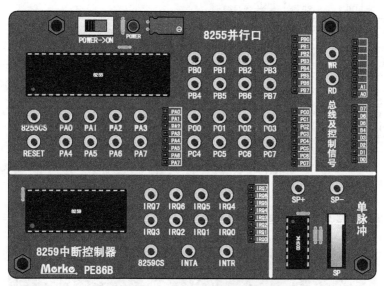

图 1.3.21　PE86B 接口板布局图

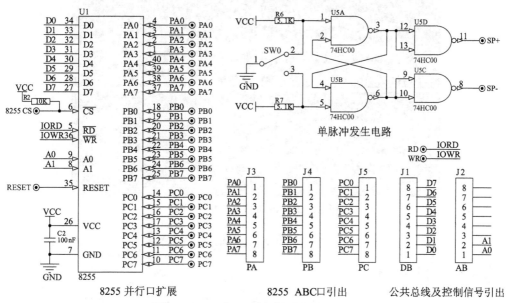

图 1.3.22　PE86B 接口板原理图（1/2）

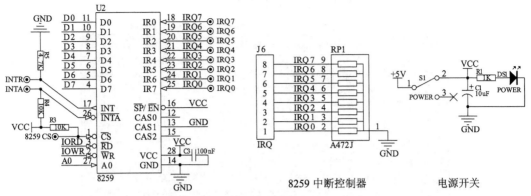

图 1.3.23 PE86B 接口板原理图（2/2）

（10）PE86C 接口板（见图 1.3.24～图 1.3.26）。

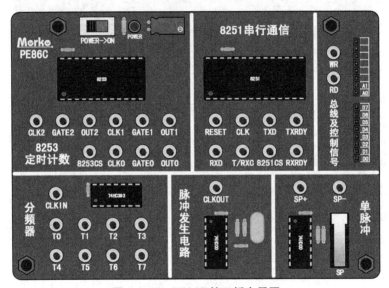

图 1.3.24 PE86C 接口板布局图

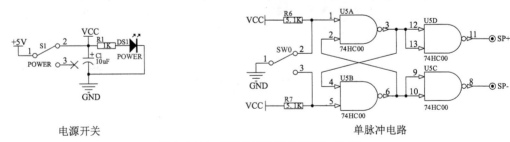

电源开关   单脉冲电路

图 1.3.25 PE86C 接口板原理图（1/2）

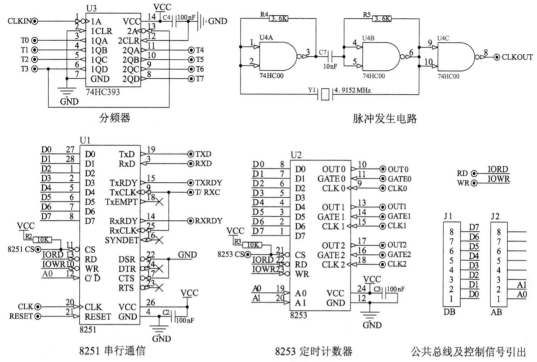

图 1.3.26　PE86C 接口板原理图（2/2）

第 2 篇

FPGA 实 验

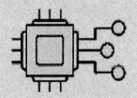

第2章　FPGA 核心板硬件概述

　　采用 Altera Cyclone IV 系列 FPGA 器件以 EP4CE6E22C8 作为主芯片，扩展 8 位 VGA 接口、USB 虚拟串口（取代 RS232）、32 KB 的 IS62LV256（SRAM）、JTAG 接口（已集成 USB-Blaster 下载器）、4 位独立拨码开关、25 MHz 有源晶振，如图 2.1.1 所示。

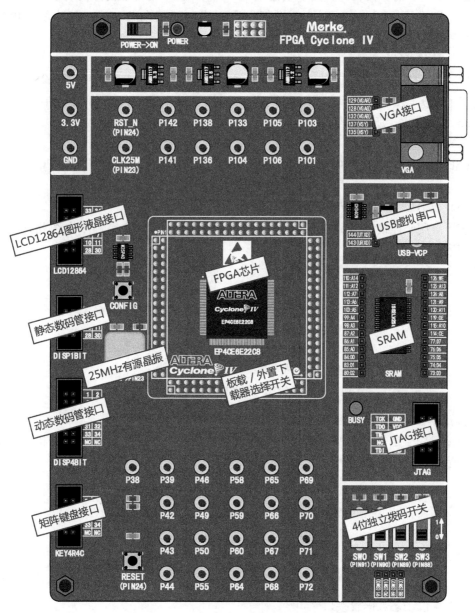

图 2.1.1　Altera Cyclone IV 系统核心板布局图

（1）JTAG 接口

JTAG 接口是 EP4CE6E22C8 外置下载器的接口，若要使用外置的 USB-Blaster 下载器，需将"板载/外置下载器选择开关"全部拨至下方（OFF 状态），再将外置下载器接入"JTAG 接口"。

（2）板载/外置下载器选择开关

核心板已经集成了 USB-Blaster 下载器，"板载/外置下载器选择开关"用于切换内置下载器和外置下载器：当开关拨向"ON"时，使用内置的 USB-Blaster 下载器；当开关拨向"OFF"时，需将外置的下载器接入"JTAG 接口"。该选择开关在 FPGA PACK 板下方，需取下 FPGA PACK 才可进行设置（出厂时拨向"ON"，默认使用内置下载器）。

（3）VGA 接口

VGA 驱动显示色彩通过 R、G、B 信号进行设定，分别由 PIN129、PIN128、PIN132 引脚产生，实现 8 位的显示效果。场同步 VSY 信号和行同步 HSY 信号分别由 PIN137、PIN135 引脚产生。所有信号均为输出。

（4）USB 虚拟串口

USB 虚拟串口用于 FPGA 串口（URXD：PIN143、UTXD：PIN144）与 PC 串口进行通信。

（5）LCD12864 图形液晶接口

该接口用于连接 FPGA 与 LCD12864 图形液晶模块，用 12 芯扁平电缆相连，如图 2.1.2 所示。

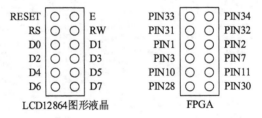

图 2.1.2　LCD12864 图形液晶接口引脚定义

（6）单位静态数码管接口

该接口用于连接 FPGA 与单位静态数码管（共阳），用 8 芯扁平电缆相连，如图 2.1.3 所示。

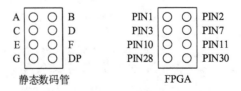

图 2.1.3　单位静态数码管接口引脚定义

（7）4 位动态数码管接口

该接口用于连接 FPGA 与 4 位动态数码管（高电平选中位，低电平点亮段），用 14

芯扁平电缆相连,如图 2.1.4 所示。

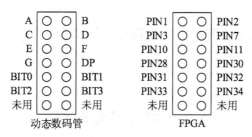

图 2.1.4 4 位动态数码管接口引脚定义

(8)矩阵键盘接口

该接口用于连接 FPGA 与 4×4 矩阵键盘,用 10 芯扁平电缆相连,如图 2.1.5 所示。

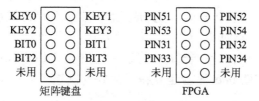

图 2.1.5 矩阵键盘接口引脚定义

第**3**章　EDA 开发环境的建立

3.1　安装 Altera Quartus II 集成开发环境

3.1.1　Altera Quartus II 简介

Altera Quartus II（以下简称 Quartus II）是美国 Altera 公司发布的综合型 EDA 集成开发环境，支持原理图、VHDL、Verilog HDL 以及 AHDL 等多种设计输入形式，内嵌自有的综合器、模拟器、下载器驱动，可完成从设计输入到硬件配置的 EDA 设计流程。

2015 年，CPU 巨头 Intel 以 167 亿美元收购可编程器件巨头 Altera，成为 Intel 有史以来金额最大的收购案例，标志着 Intel 将以最先进的 SoC/FPGA 技术拓展自身的芯片门类，而 Altera 产品借助 Intel 平台也获得了最好的制造工艺，是一次堪称完美的技术互补。

3.1.2　Quartus II 安装步骤

（1）运行 Quartus II 安装程序（QuartusSetup-13.1.0.162.exe），开始进入安装向导（见图 3.1.1），单击"Next"按钮。

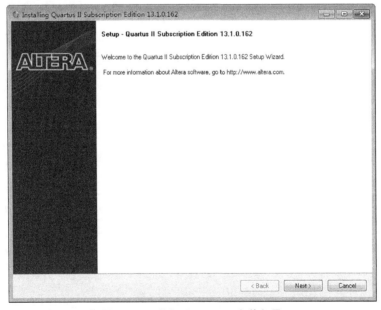

图 3.1.1　进入 QuartusII 安装向导

（2）在 License Agreement 界面（见图 3.1.2）选中"I accept the agreement"，单击"Next"按钮。

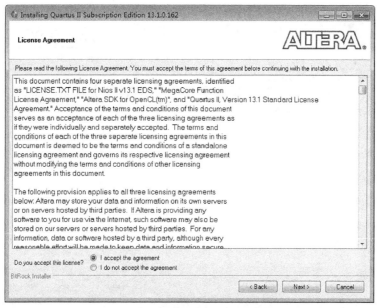

图 3.1.2　安装向导的 License 界面

（3）设置安装路径（见图 3.1.3），如需自定义安装路径，需要注意：安装路径不能包含空格、汉字及特殊符号。这里使用默认路径，单击"Next"按钮。

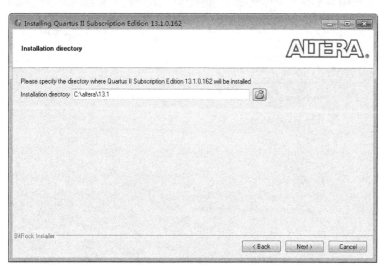

图 3.1.3　设置安装路径

（4）选择需要安装的组件（见图 3.1.4），这里使用默认选项，单击"Next"按钮。

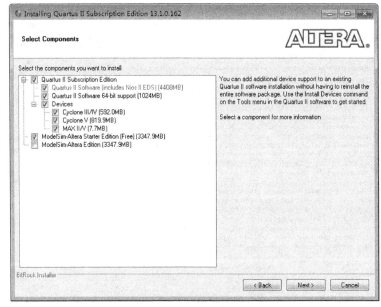

图 3.1.4　选择需要安装的组件

（5）准备安装（见图 3.1.5），如无须更改安装设置，可单击"Next"按钮继续。

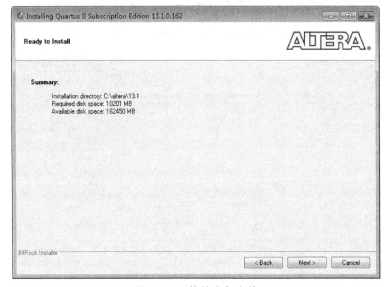

图 3.1.5　软件准备安装

（6）将 Quartus II 软件安装到计算机上（见图 3.1.6），这需要一定的时间，请耐心等待。

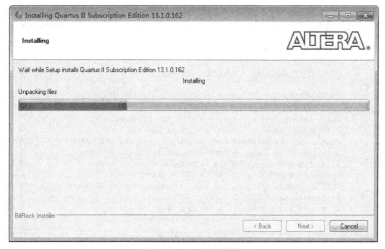

图 3.1.6　正在安装

（7）安装完成后，安装程序询问是否创建桌面快捷方式、是否马上运行（见图 3.1.7），这里选择创建桌面快捷方式、不立即运行 Quartus II。

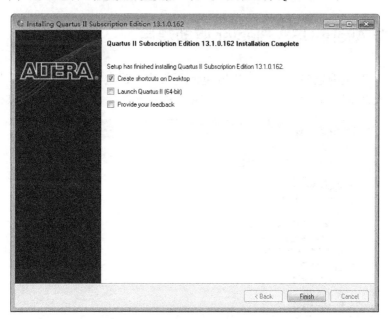

图 3.1.7　询问是否创建桌面快捷方式等

（8）安装程序弹出"Quartus II TalkBack"对话框（见图 3.1.8），这里不勾选"Enable sending TalkBack data to Altera"，即不向 Altera 反馈数据，单击"OK"结束安装。

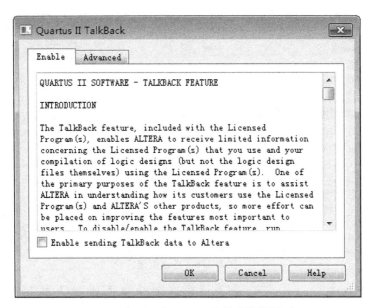

图 3.1.8　不向 Altera 发送反馈数据

3.2　安装 Altera USB-Blaster 驱动程序

（1）用 USB 电缆连接 Altera USB-Blaster 下载器，首次使用时 Windows 将提示发现新硬件。进入设备管理器（见图 3.2.1），在"其他设备"下可看到 USB-Blaster。

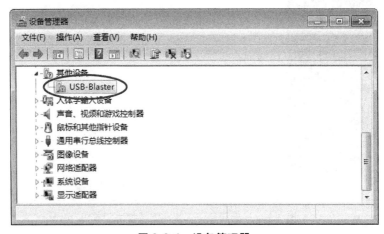

图 3.2.1　设备管理器

（2）用鼠标右键单击"USB-Blaster"弹出快捷菜单（见图 3.2.2），单击"更新驱动程序软件"菜单项。

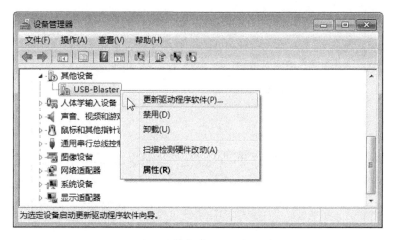

图 3. 2. 2 在设备管理器中更新驱动程序软件

（3）弹出"更新驱动程序软件"对话框（见图 3.2.3），这里单击"浏览计算机以查找驱动程序软件"。

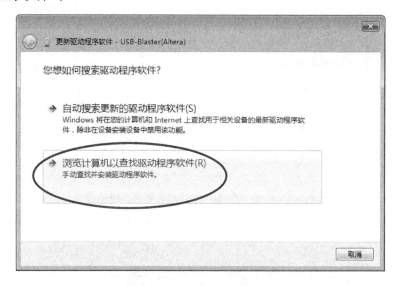

图 3. 2. 3 手动安装驱动程序

（4）浏览选择驱动程序（见图 3.2.4），默认路径为 C：\altera\13.1\quartus\drivers\usb-blaster，单击"下一步"按钮。

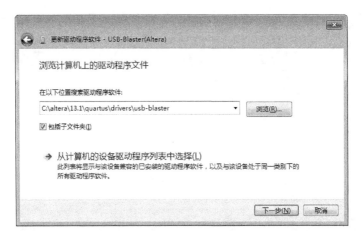

图 3.2.4　浏览选择驱动程序

（5）开始安装驱动程序，在这个过程中 Windows 会弹出一个"Windows 安全"对话框，请勾选"始终信任来自'Delaware Altera Corporation'的软件"，再单击"安装"（见图 3.2.5）。

图 3.2.5　信任来自 Altera 公司的软件并继续安装

（6）当驱动程序安装完成，弹出如图 3.2.6 所示对话框，单击"关闭"按钮。

图 3.2.6　驱动程序安装完成

（7）回到设备管理器，在"通用串行总线控制器"下可以看到 Altera USB-Blaster 已正确安装（见图 3.2.7）。

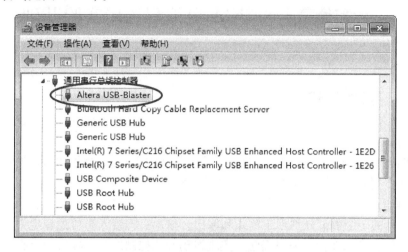

图 3.2.7　驱动程序已正确安装

至此，FPGA 的开发环境已建立完毕。从第 4 章开始，本书将从一个实例开始，建立工程、编写并调试程序，并熟悉 Quartus II 开发环境的基本使用。

第 **4** 章　FPGA 可编程逻辑实验基础

实验 4.1　系统认识

[实验目的]

（1）熟悉 Quartus II 软件的基本操作，学习用 VHDL 语言设计 FPGA 的方法。

（2）学习 ModelSim-Altera 仿真软件的基本操作。

[实验内容]

将 FPGA 的 2 个引脚分别用于输入和输出，输入引脚接入 1 位逻辑电平开关，输出引脚接入 1 位发光二极管，编写程序，实现拨动开关控制发光二极管的点亮与熄灭。

[实验设备]

（1）PC 计算机　　　　　　　1 台

（2）FPGA 核心板　　　　　　1 块

（3）PEIO 接口板　　　　　　1 块

[实验步骤]

（1）创建工程

运行 Quartus II 集成开发环境，单击 "File→New Project Wizard" 菜单项，如图 4.1.1 所示。

图 4.1.1　File "New Project Wizard" 菜单项

弹出 "New Project Wizard" 新工程向导对话框，单击 "Next" 按钮，如图 4.1.2 所示。

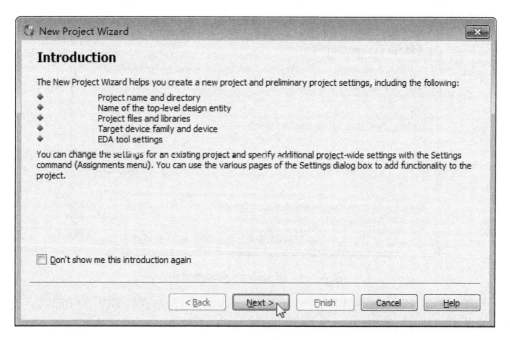

图 4.1.2　新建工程向导

设置工程文件的存放路径、名称和顶层设计名称（见图 4.1.3），设置后单击"Next"按钮。如果文件夹不存在，Quartus Ⅱ 会弹出提示框询问是否创建，单击"Yes"继续。

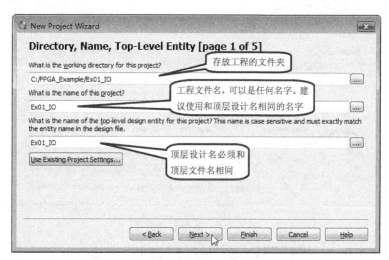

图 4.1.3　设置工程路径、文件名、设计名

添加设计文件和库文件（见图 4.1.4），若没有或不添加，可直接单击"Next"按钮。

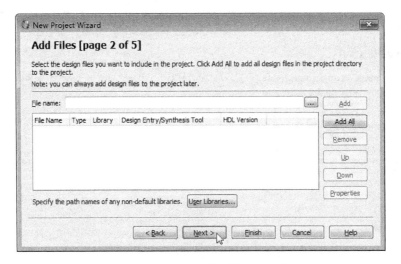

图 4.1.4　添加设计文件和库文件

选择器件型号（见图 4.1.5），这里选择 Cyclone IV E 系列的 EP4CE6E22C8，选择完成后单击"Next"按钮。

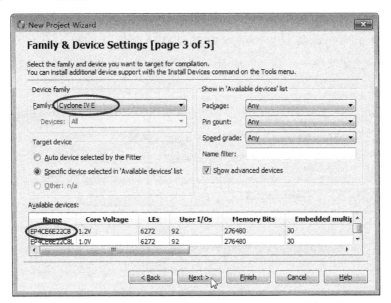

图 4.1.5　选择器件型号

选择 EDA 工具（见图 4.1.6），这里使用默认选项，单击"Next"按钮。

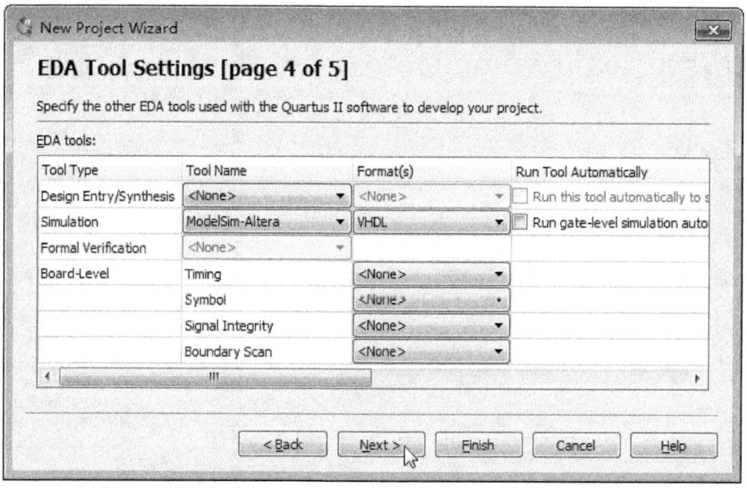

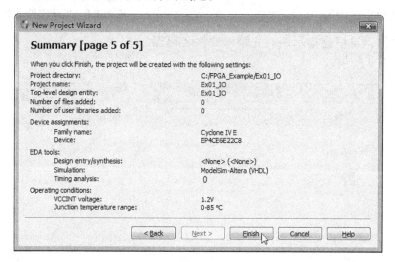

图 4.1.6　选择 EDA 工具

核实工程设置（见图 4.1.7），列出了用户之前所设置的相关信息，若确认无误，单击"Finish"按钮即可完成工程文件的创建。

图 4.1.7　核实工程设置以完成工程文件的创建

（2）新建一个 VHDL 文件

单击"File → New"菜单项（或单击工具栏 按钮）弹出"New"（新建文件类型选择）对话框（见图 4.1.8），这里选择"VHDL File"，单击"OK"按钮出现一个空白窗口，用来输入 VHDL 代码。

在新文件中，输入如下程序：

```
LIBRARY IEEE;
USE IEEE.STD_LOGIC_1164.ALL;

ENTITY Ex01_IO IS
    PORT (
        A_IN  : IN  STD_LOGIC;
        B_OUT : OUT STD_LOGIC
    );
    END Ex01_IO;

ARCHITECTURE IO OF Ex01_IO IS
BEGIN
    B_OUT <= A_IN;
END IO;
```

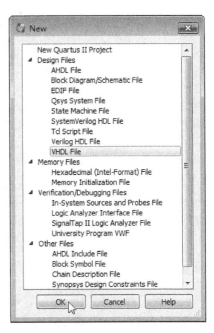

图 4.1.8　新建文件类型选择对话框

VHDL 代码输入完成后，单击"File → Save"菜单项（或单击工具栏 按钮）保存，由于是新建的源文件，这里会提示用户先输入文件名再保存，如图 4.1.9 所示。

输入文件名，后缀可缺省

勾选，使文件自动加入工程

图 4.1.9　新文件保存

对文件进行分析与综合，单击"Processing → Start → Analysis & Synthesis"菜单项（或单击工具栏 按钮），如果 VHDL 文件没有语法错误，会弹出如图 4.1.10 所示的信息框；否则，回到编辑窗口修改 VHDL 源文件，直至无语法错误。

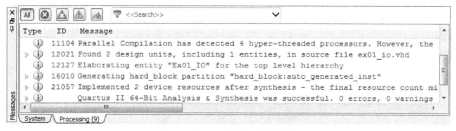

图 4.1.10 分析与综合完成

（3）I/O 引脚约束

在开始编译之前，需要进行 I/O 引脚约束。单击"Assignments → Pin Planner"菜单项（或单击工具栏 ![按钮] 按钮），进入引脚约束窗口（见图 4.1.11），可双击"Location"列下的单元格选择引脚号，也可单击选中"Node Name"下的名称，再将其直接拖拽到界面上方的 I/O 引脚。对于 TCK、TDI、TDO、TMS 引脚，则不需要约束。

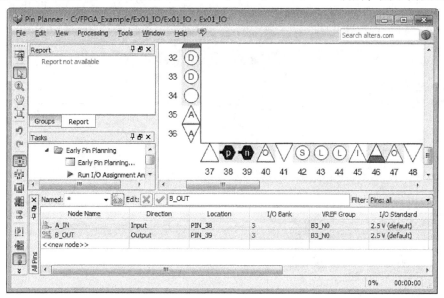

图 4.1.11 引脚约束窗口

如图 4.1.11 所示，已经把输入信号锁定到 PIN_ 38、输出信号锁定到 PIN_ 39。

（4）开始编译

在完成分析综合、设置未用引脚、引脚约束一系列工作之后，可以对工程进行编译以生成可下载的文件，单击"Processing → Start Compilation"菜单项（或单击工具栏 ![按钮] 按钮）开始编译，完成后在 Tasks 栏可看到编译结束（见图 4.1.12）。

图 4.1.12 编译完成

（5）设备通电

在实验装置断电状态下，将 FPGA 核心板、PEIO 接口板正确安装在底板上，并将 PEIO 接口板右上角的高电平切换开关拨至右侧（3.3 V 位置）。

确保 FPGA 核心板、PEIO 接口板左上角的电源开关拨至右侧（ON 位置），打开实验装置工位下方的总开关（向上拨至 ON 位置），此时 FPGA 核心板、PEIO 接口板左上角的红色电源指示灯点亮，表示设备已正常通电。

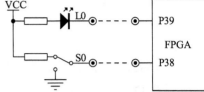

（6）电路连接

根据引脚约束规则，将 FPGA 核心板的 P38、P39 脚分别连接到 PEIO 接口板的逻辑电平开关 S0、发光二极管 L0（见图 4.1.13），图中虚线为需要连接的线。

图 4.1.13　实验电路

（7）下载到器件

单击"Tools → Programmer"菜单项（或单击工具栏 ![按钮] 按钮），打开下载窗口（见图 4.1.14），首次使用 JTAG 下载需要进行设置，这里单击"Hardware Setup"按钮。

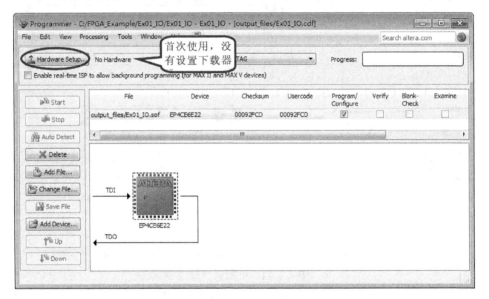

图 4.1.14　下载窗口（未设置下载器）

在弹出的"Hardware Setup"对话框中选择下载电缆（见图 4.1.15），再单击"Close"按钮关闭对话框。

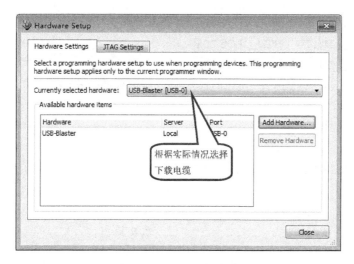

图 4.1.15　设置下载器

返回到下载窗口（见图 4.1.16），此时能看到已设置的下载器。

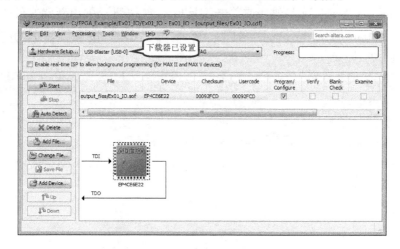

图 4.1.16　下载窗口（已设置下载器）

请确认"Program / Configure"复选框已勾选，再单击左侧的"Start"按钮即开始下载。

（8）验证结果

下载完成后，拨动逻辑电平开关 S0，应能控制发光二极管 L0 的点亮、熄灭。

[实验拓展]

本实验实现了简单的输入输出，现在修改 VHDL 代码，增加一个取反输出端，并使用 ModelSim-Altera 仿真软件观察结果。

（1）修改 VHDL 代码并完成编译

在 Ex01_ IO. vhd 代码编辑窗口中，作如下修改：

```
LIBRARY IEEE;
USE IEEE.STD_ LOGIC_ 1164.ALL;
ENTITY Ex01_ IO IS
```

```
PORT (
    A_ IN:IN   STD_ LOGIC;
    B_ OUT:OUT STD_ LOGIC;
    C_ OUT:OUT STD_ LOGIC        //新增加的输出端
);
END Ex01_ IO;

ARCHITECTURE IO OF Ex01_ IO IS
BEGIN
    B_ OUT <= A_ IN;
    C_ OUT <= NOT A_ IN;          //取反输出
END IO;
```

修改完成后，保存文件、检查语法并编译工程（方法请参考实验步骤）。

（2）新建 VWF 仿真波形文件

单击"File → New"菜单项（或单击工具栏 📖 按钮）弹出新建文件类型选择对话框，选择"University Program VWF"，再单击"OK"按钮，出现仿真波形窗口（见图 4.1.17）。

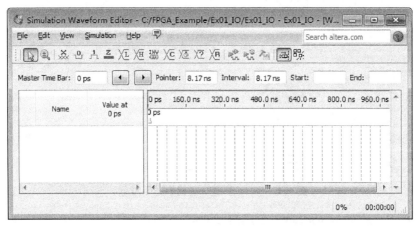

图 4.1.17　新建的空白仿真波形窗口

（3）添加需要观察的信号

在仿真波形窗口，单击"Edit → Insert → Insert Node or Bus"菜单项，在弹出的对话框中单击"Node Finder"（见图 4.1.18）。

在弹出的"Node Finder"对话框中，首先单击"List"按钮列出所有信号，然后单击">>"按钮添加所有信号，最后单击"OK"按钮（见图 4.1.19）。

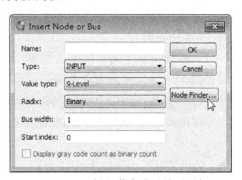

图 4.1.18　插入节点或总线对话框

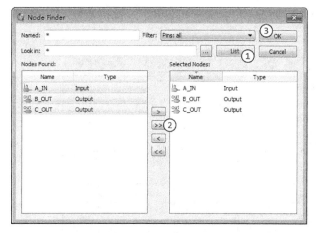

图 4.1.19   查找并添加需要观察的信号

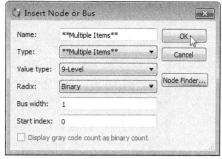

图 4.1.20   完成信号插入

返回"Insert Node or Bus"对话框可以看到，已经添加了多个要观察的项（见图 4.1.20），现在直接单击"OK"按钮返回波形文件主界面。

完成信号的添加后，为了观察仿真结果，需要对输入端口预置信号：单击选中左侧的 A_ IN 名称，再单击"Edit→Value→Overwrite Clock"菜单项（或单击工具栏 ⚙ 按钮），如图 4.1.21 所示。

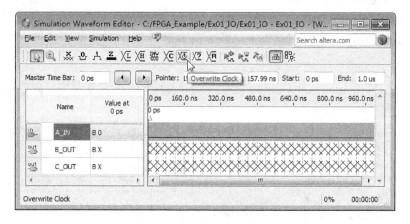

图 4.1.21   为输入端口预置信号

在弹出的"Clock"对话框中，选择周期为 100ns、偏移量为 0、占空比为 50% 的 Clock 信号，设置完成后单击"OK"按钮，如图 4.1.22 所示。

（4）开始仿真

在开始仿真之前，需要先保存波形文件。单击波形窗口的"File → Save"菜单项，将文件保存到工程文件夹（文件名可默认）。再单击"Simulation → Run Functional Simulation"菜单项（或单击工具栏 🔧 按钮）开始仿真，这个过程

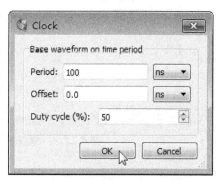

图 4.1.22   设置 Clock 信号参数

需要等待几秒钟（耗时不固定，与工程复杂情况和计算机速度有关），仿真完毕后显示结果如图 4.1.23 所示。

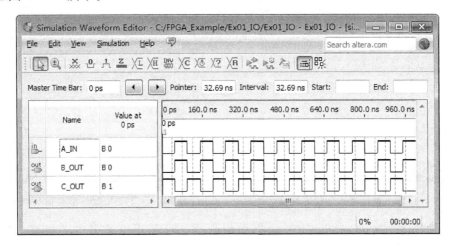

图 4.1.23　仿真结果

从图中可以看出仿真结果：A_IN 为输入端口，B_OUT 为直接输出端口，C_OUT 为取反输出端口。如果仿真波形与图 4.1.23 中的不一样，请检查 VHDL 代码后重试。

（5）无法仿真的检查方法

当仿真出现异常或错误时，请单击 Quartus II 主窗口的"Tools → Options"菜单项，检查 EDA Tool Options 下的 ModelSim-Altera 仿真软件工作路径是否正确，如图 4.1.24 所示。

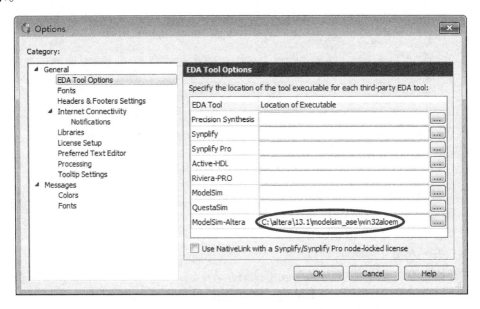

图 4.1.24　检查并设置 ModelSim-Altera 仿真软件的路径

实验 4.2　半加器的设计

[实验目的]

设计并实现一个 1 位半加器。

[实验内容]

编写程序，用 VHDL 实现一个半加器，用 PIN39、PIN42 输入 2 个加数，计算结果输出到 PIN43，进位输出到 PIN44。

[实验设备]

（1）PC 计算机　　　　1 台

（2）FPGA 核心板　　　1 块

（3）PEIO 接口板　　　1 块

[实验电路]

半加器的实验电路如图 4.2.1 所示。

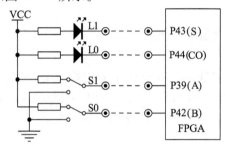

图 4.2.1　半加器设计的实验电路

[实验步骤]

（1）在实验装置断电状态下，将 FPGA 核心板、PEIO 接口板正确安装在底板上，并将 PEIO 接口板右上角的高电平切换开关拨至右侧（3.3 V 位置）。

（2）确保 FPGA 核心板、PEIO 接口板左上角的电源开关拨至右侧（ON 位置），打开实验装置工位下方的总开关（向上拨至 ON 位置），此时 FPGA 核心板、PEIO 接口板左上角的红色电源指示灯点亮，表示设备已正常通电。

（3）将 FPGA 核心板的 PIN39、PIN42 分别连接到 PEIO 接口板的逻辑电平开关 S1、S0；将 FPGA 核心板的 PIN43、PIN44 分别连接到 PEIO 接口板的发光二极管 L1、L0。电路如图 4.2.1 所示，图中虚线为需要连接的线。

（4）运行 Quartus II 环境，编写程序，编译成功后下载到 FPGA。

（5）关于 PEIO 接口板电平说明：逻辑电平开关向上为 0、向下为 1；发光二极管点亮为 0、熄灭为 1。

（6）拨动逻辑电平开关对 S1（A）、S0（B）置数，观察发光二极管 L1（S）、L0（CO）状态。

（7）当 S1（A）= 0、S0（B）= 0 时，L1（S）= 0、L0（CO）= 0。

（8）当 S1（A）= 0、S0（B）= 1 时，L1（S）= 1、L0（CO）= 0。

（9）当 S1(A)＝1、S0(B)＝0 时，L1(S)＝1、L0(CO)＝0。

（10）当 S1(A)＝1、S0(B)＝1 时，L1(S)＝0、L0(CO)＝1。

（11）半加器真值表（见表 4.2.1）。

表 4.2.1　半加器真值表

输入		输出	
A	B	S	CO
0	0	0	0
0	1	1	0
1	0	1	0
1	1	0	1

实验 4.3　向量乘法器的设计

［实验目的］

设计并实现一个 4 位向量乘法器。

［实验内容］

编写程序，用 VHDL 实现一个 4 位向量乘法器，用 PIN39、PIN42、PIN43、PIN44 输入被乘数 A，用 PIN46、PIN49、PIN50、PIN55 输入乘数 B，用 PIN58、PIN59、PIN60、PIN64、PIN65、PIN66、PIN67、PIN68 输出乘积 C。

［实验设备］

（1）PC 计算机　　　　　1 台

（2）FPGA 核心板　　　　1 块

（3）PEIO 接口板　　　　1 块

［实验电路］

向量乘法器的实验电路如图 4.3.1 所示。

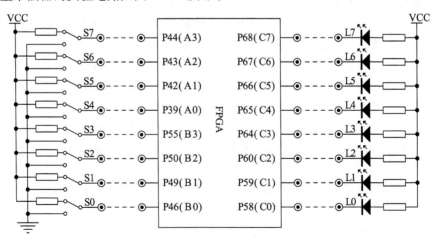

图 4.3.1　向量乘法器的实验电路

[实验步骤]

（1）在实验装置断电状态下，将 FPGA 核心板、PEIO 接口板正确安装在底板上，并将 PEIO 接口板右上角的高电平切换开关拨至右侧（3.3 V 位置）。

（2）确保 FPGA 核心板、PEIO 接口板左上角的电源开关拨至右侧（ON 位置），打开实验装置工位下方的总开关（向上拨至 ON 位置），此时 FPGA 核心板、PEIO 接口板左上角的红色电源指示灯点亮，表示设备已正常通电。

（3）将 FPGA 核心板的 PIN44、PIN43、PIN42、PIN39、PIN55、PIN50、PIN49、PIN46 分别连接 PEIO 接口板的逻辑电平开关 S7~S0；将 FPGA 核心板的 PIN68、PIN67、PIN66、PIN65、PIN64、PIN60、PIN59、PIN58 分别连接到 PEIO 接口板的发光二极管 L7~L0。电路如图 4.3.1 所示，图中虚线为需要连接的线。

（4）运行 Quartus II 环境，编写程序，编译成功后下载到 FPGA。

（5）关于 PEIO 接口板电平说明：逻辑电平开关向上为 0、向下为 1；发光二极管点亮为 0、熄灭为 1。

（6）拨动逻辑电平开关 S7~S4 对 A 置数，拨动 S3~S0 对 B 置数，观察发光二极管 L7~L0 显示的运算结果。

（7）当 S7~S4＝0001（A＝2）、S3~S0＝0100（B＝4）时，发光二极管 L7~L0＝00001000（C＝8）。

（8）当 S7~S4＝0011（A＝3）、S3~S0＝0011（B＝3）时，发光二极管 L7~L0＝00001001（C＝9）；

（9）当 S7~S4＝1001（A＝9）、S3~S0＝1001（B＝9）时，发光二极管 L7~L0＝01010001（C＝81，其 16 进位为 0x51）；

（10）继续改变 A 和 B 的值，验证乘法器的正确性。

实验 4.4　数据比较器的设计

[实验目的]
设计并实现一个 4 位数据比较器。

[实验内容]
编写程序，用 VHDL 实现一个 4 位数据比较器，用 PIN39、PIN42、PIN43、PIN44 输入数据 A，用 PIN46、PIN49、PIN50、PIN55 输入数据 B，用 PIN58、PIN59、PIN60 输出比较结果（等于、大于、小于）。

[实验设备]
（1）PC 计算机　　　　　1 台
（2）FPGA 核心板　　　　1 块
（3）PEIO 接口板　　　　1 块

[实验电路]
数据比较器的实验电路如图 4.4.1 所示。

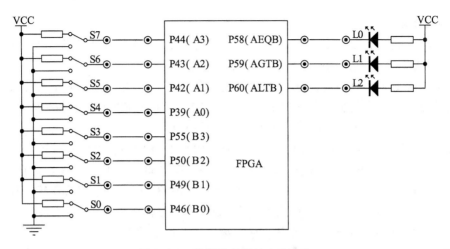

图 4.4.1 数据比较器的实验电路

[实验步骤]

(1) 在实验装置断电状态下，将 FPGA 核心板、PEIO 接口板正确安装在底板上，并将 PEIO 接口板右上角的高电平切换开关拨至右侧（3.3 V 位置）。

(2) 确保 FPGA 核心板、PEIO 接口板左上角的电源开关拨至右侧（ON 位置），打开实验装置工位下方的总开关（向上拨至 ON 位置），此时 FPGA 核心板、PEIO 接口板左上角的红色电源指示灯点亮，表示设备已正常通电。

(3) 将 FPGA 核心板的 PIN44、PIN43、PIN42、PIN39、PIN55、PIN50、PIN49、PIN46 分别连接 PEIO 接口板的逻辑电平开关 S7～S0；将 FPGA 核心板的 PIN58、PIN59、PIN60 分别连接到 PEIO 接口板的发光二极管 L0、L1、L2。电路如图 4.4.1 所示，图中虚线为需要连接的线。

(4) 运行 Quartus II 环境，编写程序，编译成功后下载到 FPGA。

(5) 关于 PEIO 接口板电平说明：逻辑电平开关向上为 0、向下为 1；发光二极管点亮为 0、熄灭为 1。

(6) 逻辑电平开关 S7～S4 对 A 置数，拨动 S3～S0 对 B 置数，观察发光二极管 L0、L1、L2 显示的运算结果。

(7) 当 S7～S4（A）等于 S3～S0（B）时，发光二极管 L0（AEQB）点亮。

(8) 当 S7～S4（A）大于 S3～S0（B）时，发光二极管 L1（AGTB）点亮。

(9) 当 S7～S4（A）小于 S3～S0（B）时，发光二极管 L2（ALTB）点亮。

(10) 继续改变 A 和 B 的值，验证数据比较器的正确性。

实验 4.5　多路数据选择器的设计

[实验目的]

设计并实现一个 4 选 1 数据选择器。

[实验内容]

编写程序，用 VHDL 实现一个 4 路数据选择器，用 PIN46、PIN49 作为选择编码输入，用 PIN39、PIN42、PIN43、PIN44 作为选择源，用 PIN38 输出选中的数据。

[实验设备]

(1) PC 计算机　　　　　1 台

(2) FPGA 核心板　　　　1 块

(3) PEIO 接口板　　　　1 块

[实验电路]

多路数据选择器的实验电路如图 4.5.1 所示。

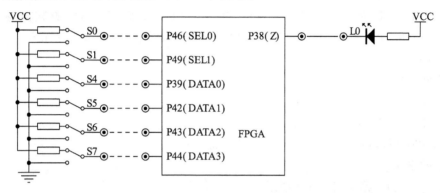

图 4.5.1 多路数据选择器的实验电路

[实验步骤]

(1) 在实验装置断电状态下，将 FPGA 核心板、PEIO 接口板正确安装在底板上，并将 PEIO 接口板右上角的高电平切换开关拨至右侧（3.3 V 位置）。

(2) 确保 FPGA 核心板、PEIO 接口板左上角的电源开关拨至右侧（ON 位置），打开实验装置工位下方的总开关（向上拨至 ON 位置），此时 FPGA 核心板、PEIO 接口板左上角的红色电源指示灯点亮，表示设备已正常通电。

(3) 将 FPGA 核心板的 PIN46、PIN49 分别连接 PEIO 接口板的逻辑电平开关 S0、S1；将 FPGA 核心板的 PIN39、PIN42、PIN43、PIN44 分别连接 PEIO 接口板的逻辑电平开关 S4、S5、S6、S7；将 FPGA 核心板的 PIN38 连接 PEIO 接口板的发光二极管 L0。电路如图 4.5.1 所示，图中虚线为需要连接的线。

(4) 运行 Quartus II 环境，编写程序，编译成功后下载到 FPGA。

(5) 关于 PEIO 接口板电平说明：逻辑电平开关向上为 0、向下为 1。发光二极管点亮为 0、熄灭为 1。

(6) 拨动逻辑电平开关 S1~S0，选择相关的源数据，输出到发光二极管 L0。

(7) 当 S1 (SEL1)、S0 (SEL0) = 00 时，S4 (DATA0) 控制 L0 (Z)。

(8) 当 S1 (SEL1)、S0 (SEL0) = 01 时，S5 (DATA1) 控制 L0 (Z)。

(9) 当 S1 (SEL1)、S0 (SEL0) = 10 时，S6 (DATA2) 控制 L0 (Z)。

(10) 当 S1 (SEL1)、S0 (SEL0) = 11 时，S7 (DATA3) 控制 L0 (Z)。

实验 4.6　编码器的设计

[实验目的]

设计并实现一个 8-3 优先编码器。

[实验内容]

编写程序，用 VHDL 实现一个编码器，用 PIN38 作为使能输入（低电平有效），用
PIN39、PIN42、PIN43、PIN44、PIN46、PIN49、PIN50、PIN55 作为源数据输入；用
PIN58、PIN59、PIN60 输出数据编码；用 PIN65 输出优先编码工作状态标志；用 PIN66
作为输出端使能。

[实验设备]

（1）PC 计算机　　　　　1 台

（2）FPGA 核心板　　　　1 块

（3）PEIO 接口板　　　　1 块

[实验电路]

编码器实验电路如图 4.6.1 所示。

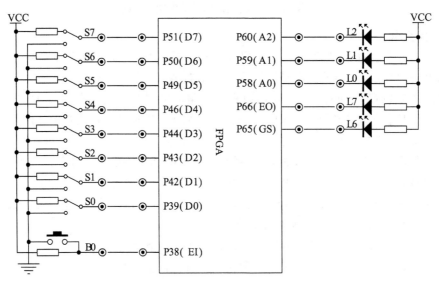

图 4.6.1　编码器实验电路

[实验步骤]

（1）在实验装置断电状态下，将 FPGA 核心板、PEIO 接口板正确安装在底板上，
并将 PEIO 接口板右上角的高电平切换开关拨至右侧（3.3 V 位置）。

（2）确保 FPGA 核心板、PEIO 接口板左上角的电源开关拨至右侧（ON 位置），打
开实验装置工位下方的总开关（向上拨至 ON 位置），此时 FPGA 核心板、PEIO 接口板
左上角的红色电源指示灯点亮，表示设备已正常通电。

（3）将 FPGA 核心板的 PIN38 连接 PEIO 接口板的独立按键 B0；将 FPGA 核心板的

PIN39、PIN42、PIN43、PIN44、PIN46、PIN49、PIN50、PIN55 分别连接 PEIO 接口板的逻辑电平开关 S0～S7；将 FPGA 核心板的 PIN58、PIN59、PIN60 分别连接 PEIO 接口板的发光二极管 L0～L2；将 FPGA 核心板的 PIN65、PIN66 分别连接 PEIO 接口板的发光二极管 L6、L7。电路如图 4.6.1 所示，图中虚线为需要连接的线。

（4）运行 Quartus II 环境，编写程序，编译成功后下载到 FPGA。

（5）关于 PEIO 接口板电平说明：逻辑电平开关向上为 0、向下为 1；发光二极管点亮为 0、熄灭为 1；独立按键按下为 0、释放为 1。

（6）拨动逻辑电平开关 S7～S0 置数，按动 B0，观察发光二极管 L2～L0、L6、L7 显示的结果。

（7）当未按下 B0（EI=1）时，L2（A2）L1（A1）L0（A0）=111、L6（GS）=1、L7（EO）=1。

（8）根据编码器真值表 4.6.1，输入数据，观察输出结果，验证编码器的正确性。

表 4.6.1　编码器真值表

输入									输出				
EI	D7	D6	D5	D4	D3	D2	D1	D0	A2	A1	A0	GS	EO
1	X	X	X	X	X	X	X	X	1	1	1	1	1
0	1	1	1	1	1	1	1	1	1	1	1	1	0
0	1	1	1	1	1	1	1	0	1	1	1	0	1
0	1	1	1	1	1	1	0	X	1	1	0	0	1
0	1	1	1	1	1	0	X	X	1	0	1	0	1
0	1	1	1	1	0	X	X	X	1	0	0	0	1
0	1	1	1	0	X	X	X	X	0	1	1	0	1
0	1	1	0	X	X	X	X	X	0	1	0	0	1
0	1	0	X	X	X	X	X	X	0	0	1	0	1
0	0	X	X	X	X	X	X	X	0	0	0	0	1

实验 4.7　BCD 码转换成二进制码的设计

［实验目的］
设计并实现一个 BCD 码到 4 位二进制码的转换器。

［实验内容］
编写程序，用 VHDL 实现一个 BCD 码到 4 位二进制码的转换器，用 PIN38、PIN39、PIN42、PIN43、PIN44 作为 BCD 码输入，用 PIN46、PIN49、PIN50、PIN55 作为二进制码输出。

［实验设备］
（1）PC 计算机　　　　1 台

（2）FPGA 核心板　　　1 块

（3）PEIO 接口板　　　1 块

[实验电路]

BCD 码转换成二进制码的实验电路如图 4.7.1 所示。

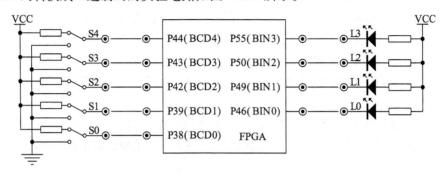

图 4.7.1　BCD 码转换成二进制码的实验电路

[实验步骤]

（1）在实验装置断电状态下，将 FPGA 核心板、PEIO 接口板正确安装在底板上，并将 PEIO 接口板右上角的高电平切换开关拨至右侧（3.3 V 位置）。

（2）确保 FPGA 核心板、PEIO 接口板左上角的电源开关拨至右侧（ON 位置），打开实验装置工位下方的总开关（向上拨至 ON 位置），此时 FPGA 核心板、PEIO 接口板左上角的红色电源指示灯点亮，表示设备已正常通电。

（3）将 FPGA 核心板的 PIN44、PIN43、PIN42、PIN39、PIN38 分别连接 PEIO 接口板的逻辑电平开关 S4、S3、S2、S1、S0；将 FPGA 核心板的 PIN55、PIN50、PIN49、PIN46 分别连接到 PEIO 接口板的发光二极管 L3～L0。电路如图 4.7.1 所示，图中虚线为需要连接的线。

（4）运行 Quartus II 环境，编写程序，编译成功后下载到 FPGA。

（5）关于 PEIO 接口板电平说明：逻辑电平开关向上为 0、向下为 1；发光二极管点亮为 0、熄灭为 1。

（6）当 S4（BCD4）、S3（BCD3）、S2（BCD2）、S1（BCD1）、S0（BCD0）= 0,0000（0）时，L3（BIN3）、L2（BIN2）、L1（BIN1）、L0（BIN0）= 0000。

（7）当 S4（BCD4）、S3（BCD3）、S2（BCD2）、S1（BCD1）、S0（BCD0）= 1,0101（15）时，L3（BIN3）、L2（BIN2）、L1（BIN1）、L0（BIN0）= 1111。

（8）根据 BCD 到二进制码转换表 4.7.1，输入数据，观察输出结果，验证转换器的正确性。

表 4.7.1　BCD 码转换成二进制码

BCD 码	十进制	十六进制	二进制码
0, 0000	0	0	0 0 0 0
0, 0001	1	1	0 0 0 1

BCD 码	十进制	十六进制	二进制码
0, 0 0 1 0	2	2	0 0 1 0
0, 0 0 1 1	3	3	0 0 1 1
0, 0 1 0 0	4	4	0 1 0 0
0, 0 1 0 1	5	5	0 1 0 1
0, 0 1 1 0	6	6	0 1 1 0
0, 0 1 1 1	7	7	0 1 1 1
0, 1 0 0 0	8	8	1 0 0 0
0, 1 0 0 1	9	9	1 0 0 1
1, 0 0 0 0	10	A	1 0 1 0
1, 0 0 0 1	11	B	1 0 1 1
1, 0 0 1 0	12	C	1 1 0 0
1, 0 0 1 1	13	D	1 1 0 1
1, 0 1 0 0	14	E	1 1 1 0
1, 0 1 0 1	15	F	1 1 1 1

实验 4.8　组合逻辑电路的设计

4.8.1　组合逻辑电路设计一：组合与/或门电路

[实验目的]

学习组合与/或门电路的设计方法。

[实验内容]

用原理图实现一个组合与/或门电路。

[实验设备]

（1）PC 计算机　　　　1 台

（2）FPGA 核心板　　　1 块

（3）PEIO 接口板　　　1 块

[实验电路]

组合与/或门电路如图 4.8.1 所示。

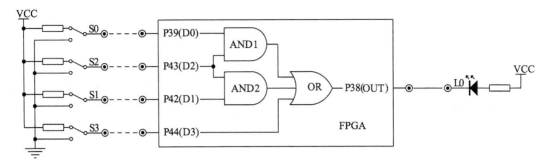

图 4.8.1　组合逻辑电路的实验电路

[实验步骤]

（1）在实验装置断电状态下，将 FPGA 核心板、PEIO 接口板正确安装在底板上，并将 PEIO 接口板右上角的高电平切换开关拨至右侧（3.3 V 位置）。

（2）确保 FPGA 核心板、PEIO 接口板左上角的电源开关拨至右侧（ON 位置），打开实验装置工位下方的总开关（向上拨至 ON 位置），此时 FPGA 核心板、PEIO 接口板左上角的红色电源指示灯点亮，表示设备已正常通电。

（3）将 FPGA 核心板的 PIN39、PIN42、PIN43、PIN44 分别连接 PEIO 接口板的逻辑电平开关 S0、S1、S2、S3；将 FPGA 核心板的 PIN38 连接 PEIO 接口板的发光二极管 L0。电路如图 4.8.1 所示，图中虚线为需要连接的线。

（4）运行 Quartus II 环境，绘制原理图，编译成功后下载到 FPGA。

（5）关于 PEIO 接口板电平说明：逻辑电平开关向上为 0、向下为 1；发光二极管点亮为 0、熄灭为 1。

（6）当 S3(D3)＝0、S2(D2)＝0 时，S1(D1)、S0(D0)状态忽略，L0(OUT)输出为 0。

（7）当 S3(D3)＝0、S1(D1)＝0 时，S2(D2)状态忽略，L0(OUT)输出为 0。

（8）当 S3(D3)＝1 时，S2(D2)、S1(D1)、S0(D0)状态忽略，L0(OUT)输出为 1。

（9）继续改变 S3(D3)、S2(D2)、S1(D1)、S0(D0)的状态，验证组合与/或门电路，判断其正确性。

4.8.2　组合逻辑电路设计二：组合异或门电路

[实验目的]

学习组合异或门电路的设计方法。

[实验内容]

用原理图实现一个组合异或门电路。

[实验设备]

（1）PC 计算机　　　　1 台

（2）FPGA 核心板　　　1 块

（3）PEIO 接口板　　　1 块

[实验电路]

组合异或门电路如图 4.8.2 所示。

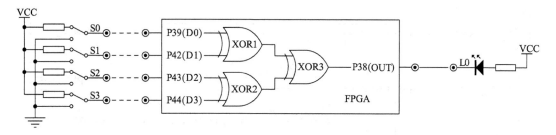

图 4.8.2　组合异或门电路的实验电路

[实验步骤]

（1）在实验装置断电状态下，将 FPGA 核心板、PEIO 接口板正确安装在底板上，并将 PEIO 接口板右上角的高电平切换开关拨至右侧（3.3 V 位置）。

（2）确保 FPGA 核心板、PEIO 接口板左上角的电源开关拨至右侧（ON 位置），打开实验装置工位下方的总开关（向上拨至 ON 位置），此时 FPGA 核心板、PEIO 接口板左上角的红色电源指示灯点亮，表示设备已正常通电。

（3）将 FPGA 核心板的 PIN39、PIN42、PIN43、PIN44 分别连接 PEIO 接口板的逻辑电平开关 S0、S1、S2、S3；将 FPGA 核心板的 PIN38 连接 PEIO 接口板的发光二极管 L0。电路如图 4.8.2 所示，图中虚线为需要连接的线。

（4）运行 Quartus II 环境，编写程序，编译成功后下载到 FPGA。

（5）关于 PEIO 接口板电平说明：逻辑电平开关向上为 0、向下为 1；发光二极管点亮为 0、熄灭为 1。

（6）当 S0(D0)＝S1(D1)、S2(D2)＝S3(D3)时,L0(OUT)输出为 0。

（7）当 S0(D0)≠S1(D1)、S2(D2)≠S3(D3)时,L0(OUT)输出为 0。

（8）当 S0(D0)＝S1(D1)、S2(D2)≠S3(D3)时,L0(OUT)输出为 1。

（9）当 S0(D0)≠S1(D1)、S2(D2)＝S3(D3)时,L0(OUT)输出为 1。

（10）继续改变 S3(D3)、S2(D2)、S1(D1)、S0(D0)的状态，验证组合异或门电路，判断其正确性。

4.8.3　组合逻辑电路设计三：组合与/非门电路

[实验目的]

学习组合与/非门电路的设计方法。

[实验内容]

用原理图实现一个组合与/非门电路。

[实验设备]

（1）PC 计算机　　　　　1 台

（2）FPGA 核心板　　　　1 块

（3）PEIO 接口板　　　　1 块

[实验电路]

组合与/非门电路如图 4.8.3 所示。

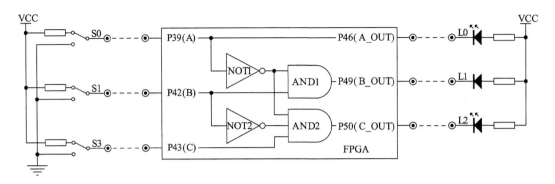

图 4.8.3 组合与/非门电路的实验电路

[实验步骤]

（1）在实验装置断电状态下，将 FPGA 核心板、PEIO 接口板正确安装在底板上，并将 PEIO 接口板右上角的高电平切换开关拨至右侧（3.3 V 位置）。

（2）确保 FPGA 核心板、PEIO 接口板左上角的电源开关拨至右侧（ON 位置），打开实验装置工位下方的总开关（向上拨至 ON 位置），此时 FPGA 核心板、PEIO 接口板左上角的红色电源指示灯点亮，表示设备已正常通电。

（3）将 FPGA 核心板的 PIN39、PIN42、PIN43 分别连接 PEIO 接口板的逻辑电平开关 S0、S1、S2；将 FPGA 核心板的 PIN46、PIN49、PIN50 分别连接 PEIO 接口板的发光二极管 L0、L1、L2。电路如图 4.8.3 所示，图中虚线为需要连接的线。

（4）运行 Quartus II 环境，编写程序，编译成功后下载到 FPGA。

（5）关于 PEIO 接口板电平说明：逻辑电平开关向上为 0、向下为 1；发光二极管点亮为 0、熄灭为 1。

（6）当 S0(A)= 0 时, L0(A_OUT)输出为 0。

（7）当 S0(A)= 1 或 S1(B)= 0 时, L1(B_OUT)输出为 0。

（8）当 S2(C)= 0 或 S0(A)、S1(B)任意一位为 1 时, L2(C_OUT)输出为 0。

（9）继续改变 S0(A)、S1(B)、S2(C)的状态，验证组合与/非门电路，判断其正确性。

实验 4.9 简单状态机的设计

[实验目的]

了解状态机的概念，学习简单状态机的设计方法。

[实验内容]

编写程序，用 VHDL 实现一个简单状态机，由 PIN23 获取 25 Hz 时钟信号，使用 PIN1、PIN2、PIN3、PIN7、PIN10、PIN11、PIN28、PIN30 控制静态数码管循环显示 0~7，代表 8 个状态，使用 PIN24 作为状态机的复位引脚，每按 1 次复位，使状态机回到初始状态，静态数码管重新从 0 开始显示。

[实验设备]

（1）PC 计算机　　　　　1 台

（2）FPGA 核心板　　　　1 块

（3）PEDISP1 接口板　　　1 块

[实验电路]

简单状态机的实验电路如图 4.9.1 所示。

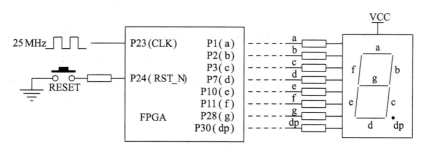

图 4.9.1　简单状态机的实验电路

[实验步骤]

（1）在实验装置断电状态下，将 FPGA 核心板、PEDISP1 接口板正确安装在底板上。

（2）确保 FPGA 核心板、PEDISP1 接口板左上角的电源开关拨至右侧（ON 位置），打开实验装置工位下方的总开关（向上拨至 ON 位置），此时 FPGA 核心板、PEDISP1 接口板左上角的红色电源指示灯点亮，表示设备已正常通电。

（3）用双排 8 芯电缆将 FPGA 核心板左侧的 DISP1BIT 双排插座连接到 PEDISP1 接口板右上角的双排插座上；FPGA 核心板的 PIN23 已内部连接 25 MHz 晶振、PIN24 已内部连接 RST_N 按钮。电路如图 4.9.1 所示，图中虚线为需要连接的线。

（4）运行 Quartus II 环境，编写程序，编译成功后下载到 FPGA。

（5）关于电平说明：静态数码管的各段为低电平点亮、高电平熄灭；RESET 按钮按下为低电平、释放为高电平。

（6）状态控制静态数码管循环显示 0~7，当按下核心板左下角的 RESET 按钮时，状态机被复位，回到初始状态，重新从 0 开始循环显示。

实验 4.10　串入并出移位寄存器的设计

[实验目的]

设计并实现一个 4 位串入并出移位寄存器。

[实验内容]

编写程序，用 VHDL 实现一个 4 位串入并出移位寄存器，由 PIN23 获取 25 MHz 时钟信号，使用 PIN24 作为串入并出移位寄存器的使能信号（高电平有效），使用 PIN38 作为串行数据输入，而 PIN39、PIN42、PIN43、PIN44 用来输出 4 位并行数据。

[实验设备]

(1) PC 计算机　　　　　1 台

(2) FPGA 核心板　　　　1 块

(3) PEIO 接口板　　　　1 块

[实验电路]

串入并出移位寄存器的实验电路如图 4.10.1 所示。

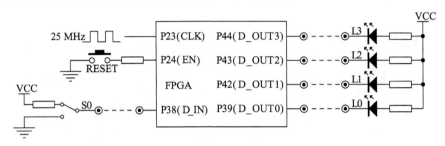

图 4.10.1　串子并出移位序存器的实验电路

[实验步骤]

(1) 在实验装置断电状态下，将 FPGA 核心板、PEIO 接口板正确安装在底板上，并将 PEIO 接口板右上角的高电平切换开关拨至右侧（3.3 V 位置）。

(2) 确保 FPGA 核心板、PEIO 接口板左上角的电源开关拨至右侧（ON 位置），打开实验装置工位下方的总开关（向上拨至 ON 位置），此时 FPGA 核心板、PEIO 接口板左上角的红色电源指示灯点亮，表示设备已正常通电。

(3) 将 FPGA 核心板的 PIN38 连接 PEIO 接口板的逻辑电平开关 S0；将 FPGA 核心板的 PIN39、PIN42、PIN43、PIN44 分别连接 PEIO 接口板的发光二极管 L0~L3；FPGA 核心板的 PIN23 已内部连接 25 MHz 晶振、PIN24 已内部连接 RST_N 按钮。电路如图 4.10.1 所示，图中虚线为需要连接的线。

(4) 运行 Quartus II 环境，编写程序，编译成功后下载到 FPGA。

(5) 关于 PEIO 接口板电平说明：逻辑电平开关向上为 0、向下为 1；发光二极管点亮为 0、熄灭为 1。

(6) 当 S0(D_IN) = 0 时,4 秒后 L3~L0(D_OUT) = 0000。

(7) 当 S0(D_IN) = 1 时,4 秒后 L3~L0(D_OUT) = 1111。

(8) 试着每隔 1 秒改变一次 S0(D_IN) 的状态模拟串行数据输入，观察 L3~L0(D_OUT) 的显示情况。

(9) 当按下 RESET 按钮（EN=0）时，禁用串并转换器；当释放 RESET 按钮（EN=1）时，使能串并转换器。

实验 4.11　多功能寄存器的设计

[实验目的]

设计并实现一个串/并输入、串行输出的移位寄存器。

[实验内容]

编写程序，用 VHDL 实现一个多功能移位寄存器，由 PIN23 获取 25 MHz 时钟信号，使用 PIN24 作为多功能移位寄存器的复位信号（低电平复位），使用 PIN39 作为低电平移位、高电平保持的控制信号，使用 PIN42 作为低电平装载、高电平移位的并入串出控制信号，使用 PIN43 作为串行数据输入信号，使用 PIN46、PIN49、PIN50、PIN55 作为 4 位并行数据输入信号，而 PIN44 用来输出串行数据。

[实验设备]

（1）PC 计算机　　　　　1 台

（2）FPGA 核心板　　　　1 块

（3）PEIO 接口板　　　　1 块

[实验电路]

多功能寄存器的设计实验电路如图 4.11.1 所示。

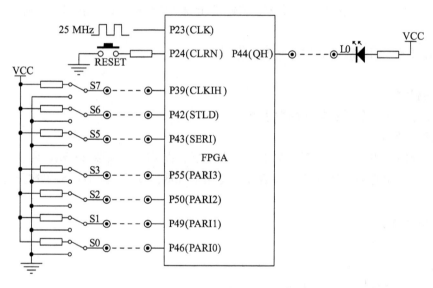

图 4. 11. 1　多功能寄存器的实验电路

[实验步骤]

（1）在实验装置断电状态下，将 FPGA 核心板、PEIO 接口板正确安装在底板上，并将 PEIO 接口板右上角的高电平切换开关拨至右侧（3.3 V 位置）。

（2）确保 FPGA 核心板、PEIO 接口板左上角的电源开关拨至右侧（ON 位置），打开实验装置工位下方的总开关（向上拨至 ON 位置），此时 FPGA 核心板、PEIO 接口板左上角的红色电源指示灯点亮，表示设备已正常通电。

（3）将 FPGA 核心板的 PIN39、PIN42、PIN43 分别连接 PEIO 接口板的逻辑电平开关 S7、S6、S5；将 FPGA 核心板的 PIN55、PIN50、PIN49、PIN46 分别连接 PEIO 接口板的逻辑电平开关 S3~S0；将 FPGA 核心板的 PIN44 连接 PEIO 接口板的发光二极管 L0。FPGA 核心板的 PIN23 已内部连接 25 MHz 晶振、PIN24 已内部连接 RST_N 按钮。电路如图 4.11.1 所示，图中虚线为需要连接的线。

（4）运行 Quartus II 环境，编写程序，编译成功后下载到 FPGA。

（5）关于 PEIO 接口板电平说明：逻辑电平开关向上为 0、向下为 1；发光二极管点亮为 0、熄灭为 1。

（6）信号说明：CLK 由内部分频得到一个 1Hz 的信号 CLK1，当 CLK1 = 0 时，L0（QH）输出为 0；当 S7（CLKIH）= 1 时，输出保持；当 S6（STLD）= 1 时为移位状态，在 CLK1 上升沿时刻左移 1 位，将 S5（SER）串入的数据移入 L0（QH）；当 S6（STLD）= 0 时为装载状态，将 4 位并行数据装载到寄存器。

（7）验证串行数据输入：使 S7（CLKIH）= 0、S6（STLD）= 1，每隔约 1 秒改变一次 S5（SER）的状态，在 4 秒后将数据输出到 L0（QH）。

（8）验证并行数据输入：使 S7（CLKIH）= 0、S6（STLD）= 1，置 S3～S0 = 0101，然后使 S6（STLD）= 0 并保持 1 秒后再使 S6（STLD）= 1，寄存器将并行数据输出到 L0（QH）。

（9）继续输入不同的串行、并行数据，验证多功能寄存器，判断其正确性。

实验 4.12 单脉冲发生器的设计

［实验目的］

设计并实现一个同步单脉冲发生器。

［实验内容］

编写程序，用 VHDL 实现一个单脉冲发生器，由 PIN23 获取 25 MHz 时钟信号，使用 PIN24 作为单脉冲发生器的输入信号，使用 PIN38、PIN39 分别输出单次正脉冲和负脉冲。

［实验设备］

（1）PC 计算机　　　　　1 台

（2）FPGA 核心板　　　　1 块

（3）PEIO 接口板　　　　1 块

［实验电路］

单脉冲发生器的实验电路如图 4.12.1 所示。

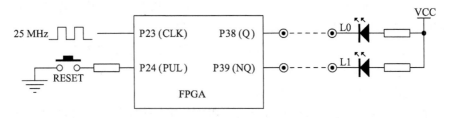

图 4.12.1 单脉冲发生器的实验电路

［实验步骤］

（1）在实验装置断电状态下，将 FPGA 核心板、PEIO 接口板正确安装在底板上，并将 PEIO 接口板右上角的高电平切换开关拨至右侧（3.3 V 位置）。

（2）确保 FPGA 核心板、PEIO 接口板左上角的电源开关拨至右侧（ON 位置），打开实验装置工位下方的总开关（向上拨至 ON 位置），此时 FPGA 核心板、PEIO 接口板左上角的红色电源指示灯点亮，表示设备已正常通电。

（3）将 FPGA 核心板的 PIN38、PIN39 分别连接 PEIO 接口板的发光二极管 L0、L1；FPGA 核心板的 PIN23 已内部连接 25 MHz 晶振、PIN24 已内部连接 RST_N 按钮。电路如图 4.12.1 所示，图中虚线为需要连接的线。

（4）运行 Quartus II 环境，编写程序，编译成功后下载到 FPGA。

（5）关于 PEIO 接口板电平说明：逻辑电平开关向上为 0、向下为 1；发光二极管点亮为 0、熄灭为 1。

（6）在常态下（即 RESET 按钮未按下），L0（Q）为 0，L1（NQ）为 1。

（7）当 RESET 按钮被按下时，L0（Q）为 1，L1（NQ）为 0。

（8）当 RESET 按钮被释放时，L0（Q）为 0，L1（NQ）为 1。

实验 4.13　秒表计数器的设计

[实验目的]

设计并实现秒表计数器。

[实验内容]

编写程序，用 VHDL 实现一个动态数码管控制接口，由 PIN23 获取 25 MHz 时钟信号，使用 PIN1、PIN2、PIN3、PIN7、PIN10、PIN11、PIN28、PIN30 输出显示字形，使用 PIN31~PIN34 作为位选信号，使用 PIN24 作为秒表计数器的清零控制，使用 PIN38 作为秒表计数器的暂停/继续控制。

[实验设备]

（1）PC 计算机　　　　1 台

（2）FPGA 核心板　　　1 块

（3）PEIO 接口板　　　1 块

[实验电路]

秒表计数器的设计实验电路如图 4.13.1 所示。

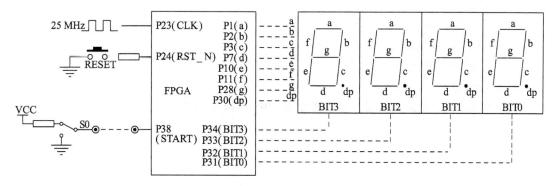

图 4.13.1　秒表计数器的实验电路

[实验步骤]

（1）在实验装置断电状态下，将 FPGA 核心板、PEIO 接口板正确安装在底板上，并将 PEIO 接口板右上角的高电平切换开关拨至右侧（3.3 V 位置）。

（2）确保 FPGA 核心板、PEIO 接口板左上角的电源开关拨至右侧（ON 位置），打开实验装置工位下方的总开关（向上拨至 ON 位置），此时 FPGA 核心板、PEIO 接口板左上角的红色电源指示灯点亮，表示设备已正常通电。

（3）用双排 14 芯电缆将 FPGA 核心板左侧的 DISP4BIT 双排插座连接到 PEIO 接口板动态显示单元的 DISP 双排插座上；将 FPGA 核心板的 PIN38 连接 PEIO 接口板的逻辑电平开关 S0；FPGA 核心板的 PIN23 已内部连接 25 MHz 晶振、PIN24 已内部连接 RST_N 按钮。电路如图 4.13.1 所示，图中虚线为需要连接的线。

（4）运行 Quartus II 环境，编写程序，编译成功后下载到 FPGA。

（5）关于电平说明：动态数码管的段码为低电平点亮、位选为高电平选中；逻辑电平开关向上为 0、向下为 1；RESET 按钮按下为低电平、释放为高电平。

（6）当 S0（START）= 1 时，启动秒表计数器。

（7）当 S0（START）= 0 时，暂停秒表计数器，而再次使 S0（START）= 1 时，从暂停值开始继续开始计数。

（8）按下 FPGA 核心板 RESET 按钮，复位计数器，计数值从 0 开始。

实验 4.14　矩阵键盘与动态数码管显示的设计

[实验目的]

设计并实现键盘扫描、键值读取并显示的综合例程。

[实验内容]

编写程序，用 VHDL 实现一个动态数码管控制接口，由 PIN23 获取 25MHz 时钟信号，使用 PIN29、PIN48、PIN49、PIN50 作为键盘读入口，使用 PIN1、PIN2、PIN3、PIN7、PIN10、PIN11、PIN28、PIN30 输出显示字形，使用 PIN31~PIN34 复用为键盘的 4 位扫描线（低电平扫描键盘）及数码管位选信号（高电平选中数码管），在时钟信号的控制下，按键盘上 0~F 键，使 4 位动态数码管显示键值。

[实验设备]

（1）PC 计算机　　　　1 台

（2）FPGA 核心板　　　1 块

（3）PEIO 接口板　　　1 块

[实验电路]

矩阵键盘与动态数码管显示的实验电路如图 4.14.1 所示。

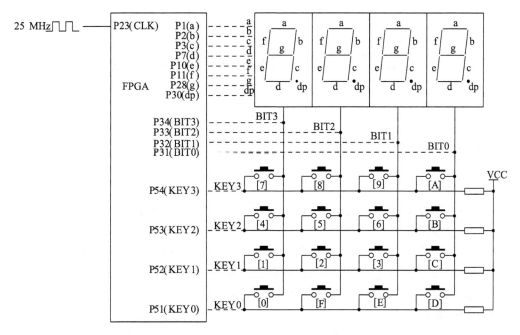

图 4.14.1　矩阵键盘与动态数码管显示的实验电路

[实验步骤]

（1）在实验装置断电状态下，将 FPGA 核心板、PEIO 接口板正确安装在底板上，并将 PEIO 接口板右上角的高电平切换开关拨至右侧（3.3 V 位置）。

（2）确保 FPGA 核心板、PEIO 接口板左上角的电源开关拨至右侧（ON 位置），打开实验装置工位下方的总开关（向上拨至 ON 位置），此时 FPGA 核心板、PEIO 接口板左上角的红色电源指示灯点亮，表示设备已正常通电。

（3）用双排 14 芯电缆将 FPGA 核心板左侧的 DISP4BIT 双排插座连接到 PEIO 接口板动态显示单元的 DISP 双排插座上；用双排 10 芯电缆将 FPGA 核心板左下角的 KEY4R4C 双排插座连接到 PEIO 接口板矩阵键盘单元的 KEYBOARD 双排插座上；FPGA 核心板的 PIN23 已内部连接 25 MHz 晶振。电路如图 4.14.1 所示，图中虚线为需要连接的线。

（4）运行 Quartus II 环境，编写程序，编译成功后下载到 FPGA。

（5）关于 PEIO 接口板电平说明：动态数码管的段码为低电平点亮，数码管位选/键盘扫描线为低电平扫描键盘、高电平选中数码管；矩阵键盘的读入口已上拉（预置为高电平）。

（6）按动键盘，观察 4 位动态数码管，应显示相应键值（显示大于 9 的数字时点亮数码管的 dp，即显示小数点）。

第5章　FPGA 开发创新实验项目

实验 5.1　SRAM 读写测试

[实验目的]

学习并掌握 SRAM 的读写时序，了解 FPGA 扩展 SRAM 的方法。

[实验内容]

编写程序，用 Verilog HDL 实现每秒钟定时进行一个 SRAM 地址单元的读写操作，读写数据比对后，通过发光二极管 L0 显示读写是否正确。同时，也可通过 SingalTap II 在 Quartus II 中查看当前操作的 SRAM 的读写时序。

[实验设备]

（1）PC 计算机　　　　1 台

（2）FPGA 核心板　　　1 块

（3）PEIO 接口板　　　1 块

[实验电路]

SRAM 读写测试的实验电路如图 5.1.1 所示。

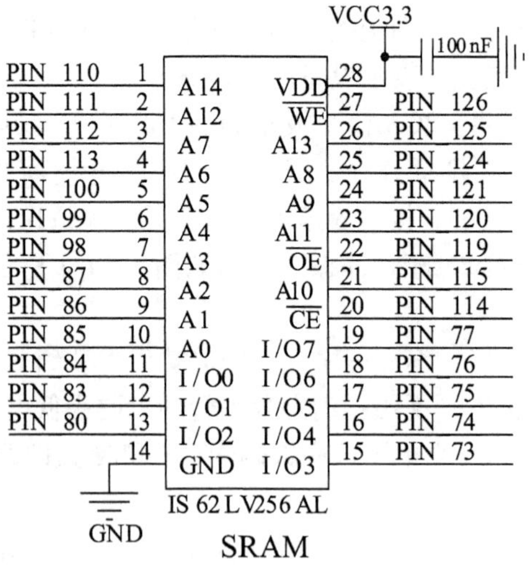

```
                              VCC3.3
                                │
                                │  ┤├ 100 nF
              ┌─────────────────┼────┤├───────┤├──┐
   PIN 110  1 │ A14        VDD │ 28
   PIN 111  2 │ A12        ──  │ 27  PIN 126
   PIN 112  3 │ A7         WE  │
   PIN 113  4 │ A6         A13 │ 26  PIN 125
   PIN 100  5 │ A5         A8  │ 25  PIN 124
   PIN 99   6 │ A4         A9  │ 24  PIN 121
   PIN 98   7 │ A3         ──  │ 23  PIN 120
   PIN 87   8 │ A2         A11 │
   PIN 86   9 │ A1         OE  │ 22  PIN 119
   PIN 85  10 │ A0         A10 │ 21  PIN 115
   PIN 84  11 │ I/O0       ──  │ 20  PIN 114
   PIN 83  12 │ I/O1       CE  │
   PIN 80  13 │ I/O2       I/O7│ 19  PIN 77
          14 │ GND        I/O6│ 18  PIN 76
             │            I/O5│ 17  PIN 75
             │            I/O4│ 16  PIN 74
             │            I/O3│ 15  PIN 73
          GND└─────────────────┘
              IS 62 LV256 AL
                  SRAM
```

图 5.1.1　SRAM 读写测试的实验电路

[实验知识]

存储器是计算机系统必不可少的部分，有数据传输处理的场合必定有存储器，它可以是 CPU 内部或是外扩的，用于程序的运行或是数据的处理。本实验使用的 SRAM（Static Random-Access Memory，静态随机访问存储器）是一种异步传输的易失存储器，因具有传输速度快、控制时序简单等优点而得到广泛的应用。

任何一颗 SRAM 芯片的控制时序均大同小异，现总结一些它们共性的东西，也提一些用 Verilog HDL 简单的快速操作 SRAM 的技巧。SRAM 的内部结构如图 5.1.2 所示。要访问一个存储单元，FPGA 必须送入地址总线（A0～A14）和控制信号（$\overline{CE}$、$\overline{OE}$、$\overline{WE}$），SRAM 内部有与此对应的地址译码器和控制处理电路。这样，数据总线（I/O 0～I/O 7）上的数据即可进行相应的读写操作。

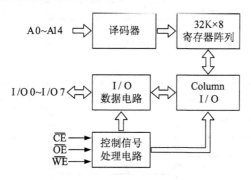

图 5.1.2　SRAM 功能框图

此处以本实验使用的 IS62LV256 为例进行说明，其管脚定义如表 5.1.1 所列。

表 5.1.1　SRAM 接口定义

序号	引脚	方向	描　　　述
1	A0～A14	输入	地址总线
2	CE#	输入	芯片使能输入，低电平有效
3	OE#	输入	输出使能输入，低电平有效
4	WE#	输入	写入使能输入，低电平有效
5	I/O 0～I/O 7	输入/输出	数据总线
6	VCC	输入	电源
7	GND	输入	数字地

SRAM 的读写操作时序如图 5.1.3、图 5.1.4 所示，相关时间参数如表 5.1.2 所列。

要进行写数据时，送入地址和数据，把 $\overline{CE}$、$\overline{WE}$ 拉低，保持 t_{WC} 时间后再把 $\overline{CE}$、$\overline{WE}$ 拉高，即可将数据写入相应的地址单元；要进行读数据时，只要把需要读出的地址送入 SRAM 的地址总线，把 $\overline{CE}$、$\overline{OE}$ 拉低，保持 t_{AA} 时间后即可读出数据。

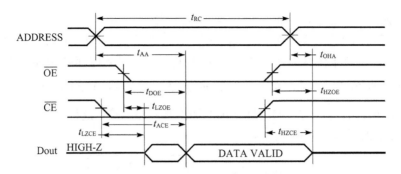

图 5.1.3   SRAM 读操作时序图

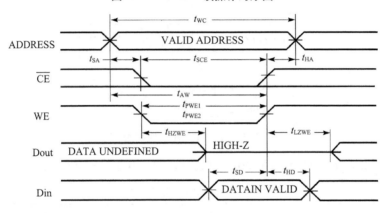

图 5.1.4   SRAM 写操作时序图

表 5.1.2   SRAM 读写时序

参数	定义	最小值/ns	最大值/ns
t_{RC}	读操作周期时间	70	—
t_{OHA}	数据输出保持时间	2	—
t_{AA}	地址访问时间	—	70
t_{WC}	写操作周期时间	70	—
t_{SA}	地址建立时间	0	—
t_{HA}	写结束后地址保持时间	0	—
t_{PWE}	WE#信号有效脉冲宽度	55	—
t_{SD}	写结束前的数据建立时间	30	—
t_{HD}	写结束后的数据保持时间	0	—

［实验步骤］

（1）在实验装置断电状态下，将 FPGA 核心板、PEIO 接口板正确安装在底板上，并将 PEIO 接口板右上角的高电平切换开关拨至右侧（3.3 V 位置）。

（2）确保 FPGA 核心板、PEIO 接口板左上角的电源开关拨至右侧（ON 位置），打开实验装置工位下方的总开关（向上拨至 ON 位置），此时 FPGA 核心板、PEIO 接口板左上角的红色电源指示灯点亮，表示设备已正常通电。

（3）将 FPGA 核心板 PIN39 连接到 PEIO 接口板发光二极管 L0（低电平点亮、高电平熄灭，用于显示数据读写结果是否正确）；FPGA 核心板的 SRAM 电路已内部连接，25 MHz 晶振已内部连接 PIN23、RESET 按钮已内部连接 PIN24（该按钮常态为高电平，按下为低电平）。SRAM 电路如图 5.1.1 所示。

（4）运行 Quartus II 环境，编写程序并约束引脚，程序功能框图如图 5.1.5 所示。

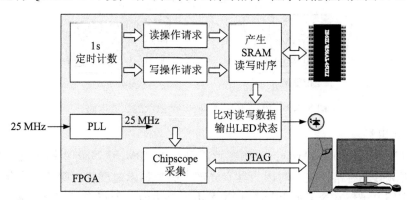

图 5.1.5　程序功能框图

[实验现象]

将编译生成的 .sof 文件下载到 FPGA，使 FPGA 每隔 1 秒对 SRAM 进行写入和读出操作，观察发光二极管 L0：当读写正确时发光二极管点亮，否则熄灭。

实验 5.2　VGA 驱动 ColorBar 显示

[实验目的]

学习 VGA 的驱动技术以及用 FPGA 驱动 VGA 显示的方法。

[实验内容]

编写程序，用 Verilog HDL 产生 ColorBar 以及 VGA 时序用于驱动显示器显示。

[实验设备]

（1）PC 计算机　　　　　　　 1 台

（2）FPGA 核心板　　　　　　 1 块

（3）实验用 VGA 显示器[①]　　1 台

（4）实验用 VGA 电缆　　　　 1 根

[实验电路]

VGA 驱动 ColorBar 显示的实验电路如图 5.2.1 所示。

---

　① 可使用 VGA 信号切换器来替代实验用 VGA 显示器，以手动切换的方式选择使用主显示器信号和实验用显示器信号。

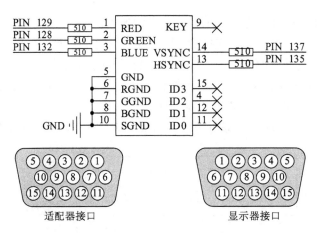

图 5. 2. 1　VGA 驱动 ColorBar 显示的实验电路

[实验知识]

VGA（Video Graphics Array，视频图形阵列）是 IBM 于 1987 年提出的一种使用模拟信号的视频传输标准，在当时因为具有分辨率高、显示速度快、颜色丰富等优点而得到广泛的应用，虽然在今天的 PC 领域 VGA 不再是主流，但仍在工控机和嵌入式领域中较为常见，同时也是众多显示器制造商共同支持的一个标准。

VGA 最早指的是显示器支持 640×480 分辨率的显示模式，后来不仅仅局限于这个分辨率（如 800×600 分辨率的 SVGA）。通常各种适用于 VGA 接口传输的分辨率都可以统称为 VGA。

驱动 VGA 显示器的接口，主要有以下 3 种信号：行同步信号 HSYNC、场同步信号 VSYNC 和 RGB 色彩传输信号。色彩传输信号的电压为 0~0.7 V，其同步是靠前 2 种信号来协助的。至于 HSYNC 和 VSYNC 和 RGB 色彩信号之间以什么样的关系进行传输，这都是相对固定的，虽然 VGA 收发双方没有时钟信号做同步，但通常会约定发送方有一个基本的时钟，VSYNC、HSYNC 和 RGB 色彩信号都会按照这个时钟的节拍来确定状态。

VGA 的接口时序如图 5. 2. 2 所示，场同步信号 VSYNC 在每帧（即送一次全屏的图像）开始的时候产生一个固定宽度的高脉冲，行同步信号 HSYNC 在每行开始的时候产生一个固定宽度的高脉冲，色彩信号在某些固定的行和列交汇处有效。

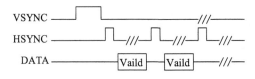

图 5. 2. 2　VGA 时序图 1

如上所述，通常以一个基准时钟驱动 VGA 信号的产生，用这个基准时钟为时间单位来产生的时序如图 5. 2. 3 所示。

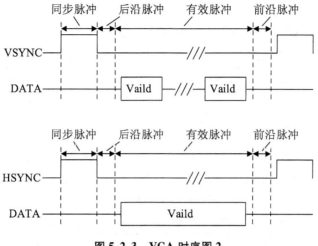

图 5.2.3　VGA 时序图 2

对于一个刷新频率为 60 Hz、分辨率为 640×480 的标准 VGA 显示驱动，若它的基准驱动时钟为 25 MHz，则它的脉冲计数如表 5.2.1 所列。注意：列的单位为"行"；行的单位为"基准时钟周期数"，即 25 MHz 时钟脉冲数。

表 5.2.1　VGA 驱动时序参数表

行/列	同步脉冲	后沿脉冲	显示脉冲	前沿脉冲	帧长
列	2	33	480	10	525
行	96	48	640	16	800

对于一个刷新频率为 72 Hz、分辨率为 800×600 的 SVGA 显示驱动，若它的基准驱动时钟为 50 MHz，则它的计数脉冲参数如表 5.2.2 所列。注意：列的单位为"行"；行的单位为"基准时钟周期数"，即 50 MHz 时钟脉冲数。

表 5.2.2　SVGA 驱动时序参数表

行/列	同步脉冲	后沿脉冲	显示脉冲	前沿脉冲	帧长
列	6	23	600	37	666
行	120	64	800	56	1040

对于一个刷新频率为 60 Hz、分辨率为 1024×768 的显示驱动，若它的基准驱动时钟为 65 MHz，则它的计数脉冲参数如表 5.2.3 所列。注意：列的单位为"行"；行的单位为"基准时钟周期数"，即 65 MHz 时钟脉冲数。

表 5.2.3　驱动时序参数表（分辨率为 1024×768）

行/列	同步脉冲	后沿脉冲	显示脉冲	前沿脉冲	帧长
列	6	29	768	3	806
行	136	160	1024	24	1344

对于一个刷新频率为 60 Hz、分辨率为 1024×960 的显示驱动，若它的基准驱动时钟

为108 MHz，则它的计数脉冲参数如表5.2.4所列。注意：列的单位为"行"；行的单位为"基准时钟周期数"，即108 MHz时钟脉冲数。

表5.2.4 驱动时序参数表（分辨率为1024×960）

行/列	同步脉冲	后沿脉冲	显示脉冲	前沿脉冲	帧长
列	3	36	960	1	1000
行	112	312	1 024	96	1800

对于一个刷新频率为60 Hz、分辨率为1280×1024的显示驱动，若它的基准驱动时钟为108 MHz，则它的计数脉冲参数如表5.2.5所列。注意：列的单位为"行"；行的单位为"基准时钟周期数"，即108 MHz时钟脉冲数。

表5.2.5 驱动时序参数表（分辨率为1280×1024）

行/列	同步脉冲	后沿脉冲	显示脉冲	前沿脉冲	帧长
列	3	38	1 024	1	1 066
行	112	328	1 280	48	1688

对于一个刷新频率为60 Hz、分辨率为1920×1080的显示驱动，若它的基准驱动时钟为130 MHz，则它的计数脉冲参数如表5.2.6所列。注意：列的单位为"行"；行的单位为"基准时钟周期数"，即130 MHz时钟脉冲数。

表5.2.6 驱动时序参数表（分辨率为1920×1080）

行/列	同步脉冲	后沿脉冲	显示脉冲	前沿脉冲	帧长
列	4	18	1 080	3	1 105
行	12	40	1 920	28	2 000

[实验步骤]

（1）在实验装置断电状态下，将FPGA核心板正确安装在底板上。

（2）确保FPGA核心板、PEIO接口板左上角的电源开关拨至右侧（ON位置），打开实验装置工位下方的总开关（向上拨至ON位置），此时FPGA核心板、PEIO接口板左上角的红色电源指示灯点亮，表示设备已正常通电。

（3）使实验用VGA显示器处于断电状态，将FPGA核心板VGA接口通过电缆连接到实验用VGA显示器（VGA电路已内部连接）后打开实验用VGA显示器的电源；25 MHz晶振已内部连接PIN23、RESET按钮已内部连接PIN24（该按钮常态为高电平，按下为低电平）。VGA电路如图5.2.1所示。

（4）运行Quartus II环境，编写程序并约束引脚，程序功能框图如图5.2.4所示，VGA驱动框图如图5.2.5所示。

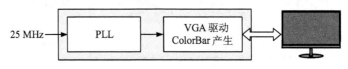

图5.2.4 程序功能框图

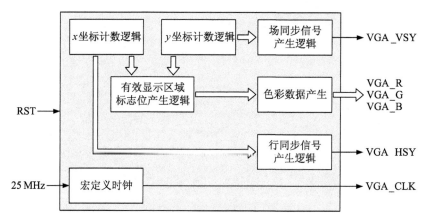

图 5.2.5　VGA 驱动框图

[实验现象]

将编译生成的 .sof 文件下载到 FPGA，使 FPGA 驱动 VGA 显示器以 800×600 的分辨率显示以绿色为边界轮廓的 8 原色 ColorBar。

第 3 篇

ARM Cortex-M4 嵌入式系统实验

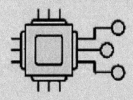

第**6**章　**STM32F407 核心板硬件概述**

采用 Cortex-M4 内核的 STM32F407ZGT6 作为主芯片，带 FPU 和 DSP 指令集，拥有 1024 KB 的片内 Flash 和 192 KB 的片内 SRAM，带加密处理器（CRYP）、USB 高速 OTG、真随机数发生器、OTP 存储器及 GPIO 扩展接口等，如图 6.1.1 所示。

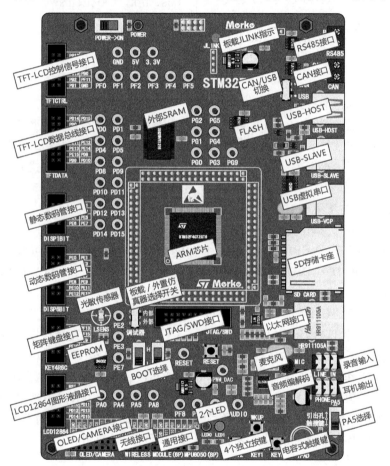

图 6.1.1　STM32F407 嵌入式系统核心板布局图

STM32F407 嵌入式核心板还具有外扩 16 MB 的 25Q128（SPI FLASH）、1 MB 的 IS62WV51216（SRAM）、256 字节的 24C02（EEPROM），设有红绿 2 个发光二极管作为输出、WM8978 高性能音频编解码芯片、CAN 接口（采用 TJA1050）、RS485 接口（采用 SP3485）、光敏传感器、USB 虚拟串口（可用于与 PC 串口通信或下载用户程序）、USB-SLAVE 接口、USB-HOST（OTG）接口、SD 卡接口、百兆以太网接口、录音头（麦克风）、立体声音频输出接口、立体声录音输入接口、扬声器（位于 CPU PACK 板下）、RTC 后备电池座（含电池，位于 CPU PACK 板下）、4 个独立按键（其中 1 个带唤醒功能）。下面将对板载的接口及设置开关进行说明。

（1）JTAG/SWD 接口

JTAG/SWD 接口是 STM32F407 外置仿真器的接口，支持 JTAG/SWD 调试和下载，若要使用外置的 JLink/ST-Link 仿真器，需将"内外仿真器选择开关"拨至"外部"位置，再将外置仿真器接入 JTAG/SWD 接口，如图 6.1.2 所示。

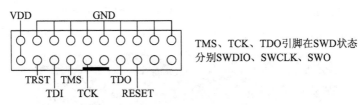

图 6.1.2　JTAG/SWD 接口引脚定义

（2）内外仿真器选择开关

核心板已经集成了 JLink-OB（On-Board，板载 JLink）仿真器，采用 3 线制 SWD 接口，支持程序的调试与下载，"内外仿真器选择开关"用于切换内置仿真器和外置仿真器：当开关拨向"内部"时，使用内置的 JLink-OB 仿真器（SWD 方式）；当开关拨向"外部"时，需将外置的 JLink 或 ST-Link 仿真器接入"JTAG/SWD 接口"，可使用 JTAG 或 SWD 方式调试与下载。

（3）CAN/USB 选择开关

STM32F407ZGT6 的 GPIO 均包含多个功能，其中 PA11、PA12 可复用于 CAN 的 RX、TX 和 USB 的 D−、D+。"CAN/USB 选择开关"可将 PA11、PA12 选择连接到 CAN 或 USB 接口。

当该开关拨至"CAN"位置时，PA11（CAN_TX）、PA12（CAN_RX）分别连接至 CAN 电平转换芯片 TJA1050 的 D、R 引脚（CAN 总线电平不可直接连接到 STM32）。

当该开关拨至"USB"位置时，PA11、PA12 分别连接至 USB 接口 D−和 D+引脚，而 PA11、PA12 作为 USB 接口时，支持 USB-HOST（主机通信，A 型 USB 接口）和 USB-SLAVE（从机通信，B 型 USB 接口）模式，即 PA11、PA12 引脚被同时连接到 USB-HOST 接口和 USB-SLAVE 接口，因为 PA11、PA12 引脚在一个时刻只能初始化为 USB-HOST 或 USB-SLAVE，所以这两个 USB 接口不可同时使用。

（4）PA5 选择开关

"PA5 选择开关"为 STM32F407ZGT6 的 PA5 引脚选择开关，当该开关拨至上方（引出孔）时，PA5 引脚连接至接线孔，可作为完全独立的 GPIO 使用；当该开关拨至下方（触摸键）时，PA5 引脚连接至电容式触摸键。

（5）引导模式选择开关

STM32 系列有 BOOT0 和 BOOT1 两个启动引脚，用于选择 STM32 复位后的引导模式，在核心板上将这 2 个引脚连接到了拨动开关。STM32 的引导模式见表 6.1.1。

表 6.1.1　STM32 引导模式

BOOT0	BOOT1	引导模式	说明
0	X	主闪存存储器	STM32 内置的 Flash，使用 JTAG 或 SWD 模式下载程序时，就是下载到这个空间，重启后也直接从这个存储空间启动程序
1	0	系统存储器	系统存储器是芯片内部一块特定的区域，STM32 芯片在出厂时预置了一段 ISP 程序，用户无法修改该存储空间，在没有 JLink 或 ST-Link 仿真器时可通过此模式用串口向 STM32 芯片写入程序
1	1	片内 SRAM	SRAM 是易失性存储器，没有掉电保存的能力，该模式一般用于程序调试。当反复修改、调试程序时，如果使用主闪存存储器，需要擦除整个 Flash 空间，这样比较费时，也会缩短 Flash 的可擦写寿命，这时可以考虑使用片内 SRAM 来调试，等程序调试通过后可再下载到主闪存存储器。这样既提高了程序下载的速度，又延长了主闪存的使用寿命

（6）TFT-LCD 控制信号接口

该接口用于连接 STM32F407 与 TFT-LCD 液晶屏的控制信号，用 12 芯扁平电缆相连，如图 6.1.3 所示。

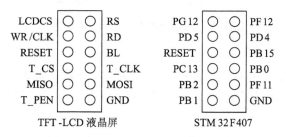

图 6.1.3　TFT-LCD 控制信号接口引脚定义

（7）TFT-LCD 数据总线接口

该接口用于连接 STM32F407 与 TFT-LCD 液晶屏数据总线，用 16 芯扁平电缆相连，如图 6.1.4 所示。

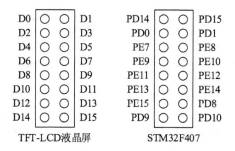

图 6.1.4　TFT-LCD 数据总线接口引脚定义

（8）单位静态数码管接口

该接口用于连接 STM32F407 与单位静态数码管（共阳），用 8 芯扁平电缆相连，如图 6.1.5 所示。

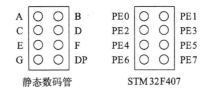

图 6.1.5　单位静态数码管接口引脚定义

（9）4 位动态数码管接口

该接口用于连接 STM32F407 与 4 位动态数码管（高电平选中位，低电平点亮段），STM32 端接口最多可控制 6 位动态数码管，在连接 4 位动态数码管的电路中 PE12、PE13 引脚未用。该组接口用 14 芯扁平电缆相连，如图 6.1.6 所示。

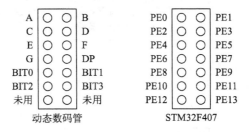

图 6.1.6　4 位动态数码管接口引脚定义

（10）矩阵键盘接口

该接口用于连接 STM32F407 与 4×4 矩阵键盘，该接口最多可控制 6 列矩阵键盘，在连接 4 列矩阵键盘的电路中 PE12、PE13 引脚未用。该组接口用 10 芯扁平电缆相连，如图 6.1.7 所示。

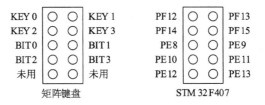

图 6.1.7　矩阵键盘接口引脚定义

（11）LCD12864 图形液晶接口

该接口用于连接 STM32F407 与 LCD12864 图形液晶模块，用 12 芯扁平电缆相连，如图 6.1.8 所示。

```
RESET ○ ○ E          RESET ○ ○ PD1
   RS ○ ○ RW            PD4 ○ ○ PD5
   D0 ○ ○ D1            PD8 ○ ○ PD9
   D2 ○ ○ D3           PD10 ○ ○ PD11
   D4 ○ ○ D5           PD12 ○ ○ PD13
   D6 ○ ○ D7           PD14 ○ ○ PD15
 LCD12864 图形液晶          STM32F407
```

图 6.1.8　LCD12864 图形液晶接口引脚定义

第7章　ARM 嵌入式开发环境的建立

7.1　安装 Keil 集成开发环境

7.1.1　Keil μVision 系列简介

Keil μVision 系列是由德国慕尼黑的 Keil Elektronik GmbH 和美国德克萨斯的 Keil Software Inc 联合发布的嵌入式集成开发环境，包括 ANSI C 编译器、宏汇编程序、调试器、链接器、库管理器、固件和实时操作系统核心（Real-Time Kernel），因其强大的功能、易用的开发环境以及高质量的编译器得到业界的广泛认可，后被 ARM 公司收购，向高速发展的 32 位微控制器市场提供了完整的解决方案。

7.1.2　Keil MDK 安装步骤

（1）运行 Keil MDK 安装程序（双击 mdk514.exe），开始进入安装向导（见图 7.1.1），单击"Next"按钮，进入 License 界面（见图 7.1.2）。

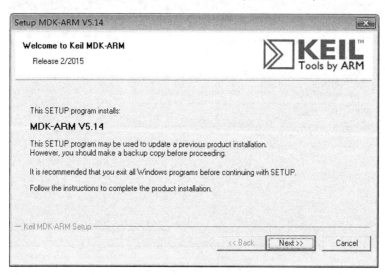

图 7.1.1　进入 Keil MDK 安装向导

（2）在 License 界面选中"I agree to all the terms of the preceding License Agreement"，单击"Next"按钮，设置安装路径，如图 7.1.2 所示。

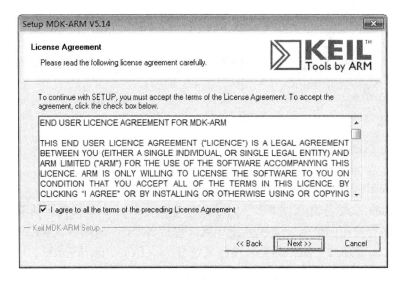

图 7.1.2　安装向导的 License 界面

（3）确定 MDK-ARM 以及芯片支持包的安装路径后，单击"Next"按钮，如图 7.1.3 所示。

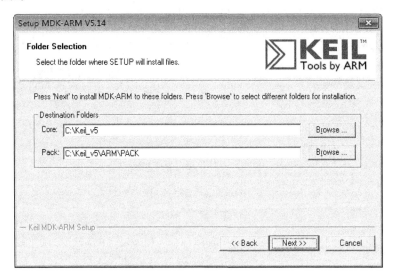

图 7.1.3　设置安装路径

（4）安装程序要求填写用户信息（见图 7.1.4），均为必填项。

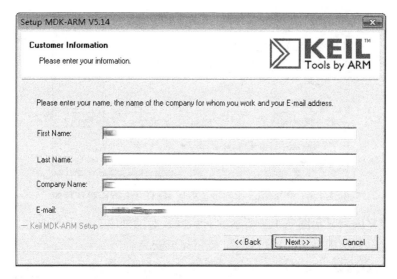

图 7.1.4 填写用户信息

（5）用户信息填写完毕后，单击"Next"按钮开始安装，如图 7.1.5 所示。

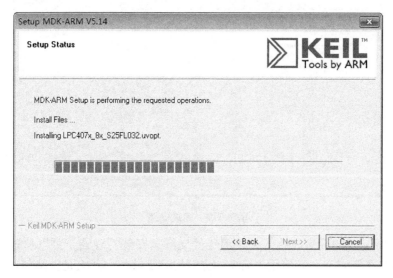

图 7.1.5 软件正在安装

（6）安装过程中 Windows 会弹出对话框询问是否安装驱动程序（见图 7.1.6），如果需要使用 Keil 官方出品的 ULINK 仿真器，必须勾选"始终信任来自 ARM Ltd 的软件"并单击"安装"；如果使用 J-Link、ST-Link 等第三方的仿真器或是不用任何仿真器，可直接单击"不安装"。

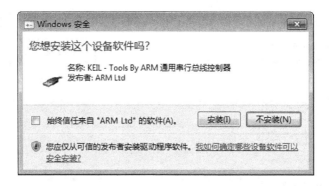

图 7.1.6　Windows 询问是否安装 KEIL ULINK 驱动程序

(7) 安装完成后显示图 7.1.7 所示的对话框，对话框内有一个复选框，是显示软件发行说明，这里不选中，单击"Finish"按钮完成安装。

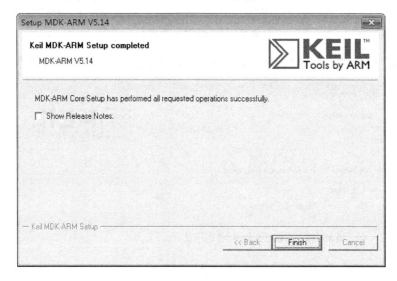

图 7.1.7　完成安装

Keil MDK 环境安装完成后，会显示器件支持包安装管理器，可以从这里导入支持包，现在直接关闭它，我们使用更简单的方式安装支持包。什么是支持包？为什么要安装支持包？支持包由编程时使用的库函数文件、设备驱动程序以及例程组成。从 Keil μVision 5 开始，MDK 环境不再自带各种芯片的支持包，用户需要应用哪些芯片，可从 Keil 官网选择下载相应的支持包并单独安装，支持包安装文件的后缀是"．pack"。

为了方便安装，我们已下载了 STM32F4 系列的支持包。

7.2　安装 STM32F4 系列支持包

(1) 双击下载好的 Keil．STM32F4xx_ DFP．1．0．8．pack 开始安装 STM32F4 系列支持包，如图 7.2.1 所示，在对话框中单击"Next"开始安装。

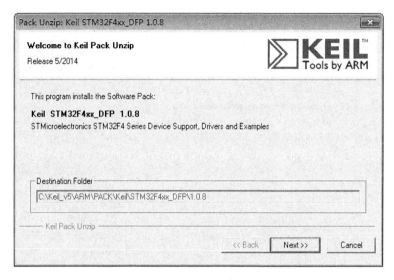

图 7.2.1　安装 STM32F4 系列支持包

（2）STM32F4 系列支持包正在安装，如图 7.2.2 所示。

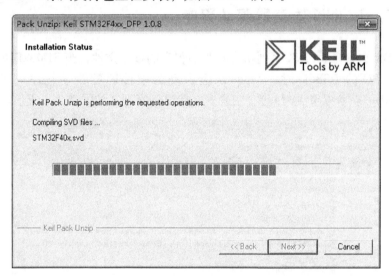

图 7.2.2　支持包正在安装

（3）支持包安装完成后，单击"Finish"结束，如图 7.2.3 所示。

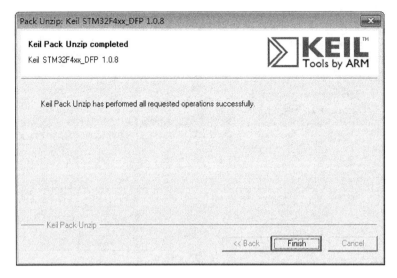

图 7.2.3 支持包安装完成

7.3 安装 J-LINK 仿真器驱动程序

Keil MDK 包含了 J-LINK 系列仿真器驱动程序的核心文件，当 STM32F407 核心板初次上电接入 PC 的 USB 口时，Windows 会自动为硬件匹配驱动程序（可以跳过从 Windows Update 获取以节省时间），正确安装后设备管理器如图 7.3.1 所示。

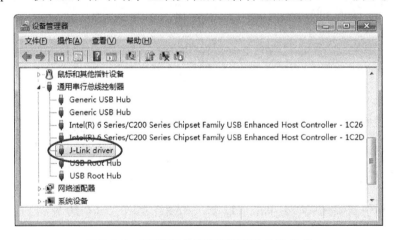

图 7.3.1 J-LINK 仿真器驱动程序安装完成

现在用户可以在 Keil MDK 中调试或下载 STM32F407 的程序，如果要脱离 Keil MDK 环境来下载程序，请自行安装 SEGGER 独立发布的 J-LINK 完整版驱动程序。

第 8 章　ARM Cortex-M4 嵌入式系统实验基础

实验 8.1　系统认识

[实验目的]

(1) 学习 Keil MDK 软件的基本操作，熟悉用 C 语言编写 STM32F407 程序的步骤。

(2) 学习 GPIO 的初始化操作及延时程序编写。

[实验内容]

编写程序，控制 2 个发光二极管的循环交替点亮与熄灭。

[实验设备]

(1) PC 计算机　　　　　　　　1 台

(2) STM32F407 核心板　　　　1 块

[实验原理]

STM32F407 的 2 个 GPIO 口（PF9、PF10）在核心板上已分别连接红、绿 2 个发光二极管，通过循环改变 PF9、PF10 的输出电平状态，实现发光二极管的循环交替闪烁。

[实验步骤]

(1) 新建工程

要为 STM32F407 编写一个新程序，从新建工程开始。

① 运行 Keil MDK 集成开发环境，单击主菜单 "Project" 项，选择 "New μVision Project" 建立新工程（见图 8.1.1）。在弹出的对话框中，选择工程存放路径（本例中为 C：\STM32F4_Examples），再单击对话框上方的 "新建文件夹" 按钮（因 Windows 版本而异，如 XP 系统为 图 按钮）新建一个文件夹并重命名为 Ex01_LED，用于存放工程文件（见图 8.1.2）。

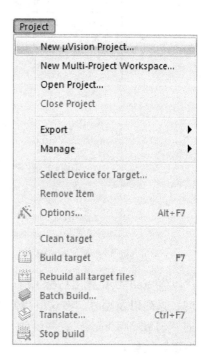

图 8.1.1　Keil 的 Project 菜单

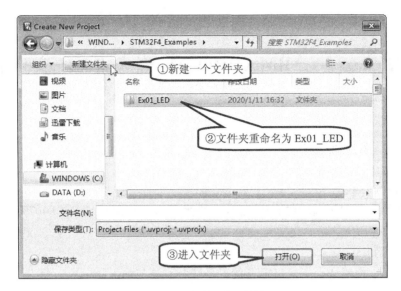

图 8.1.2　新建工程对话框

　　② 进入刚创建的 Ex01_LED 文件夹（见图 8.1.3），在"文件名"输入框中输入工程文件名"LED"（可缺省后缀），单击"保存"按钮，新工程文件 C:\STM32F4_Examples\Ex01_LED\LED. uvproj 创建完成。

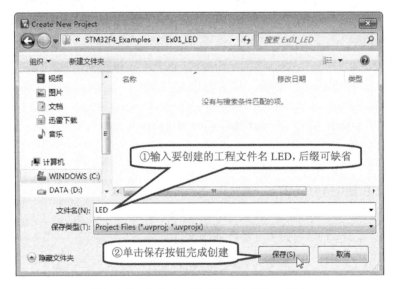

图 8.1.3　在新建工程对话框中输入工程名

　　③ KeilMDK 弹出目标 CPU 设置对话框（见图 8.1.4），可以选择要调试的芯片品牌、系列以及型号，在这里我们要调试 STM32F407ZGT6，选择"STMicroelectronics"下的"STM32F4 Series"，并继续展开"STM32F407"，最终选中"STM32F407ZG"，单击"OK"按钮。

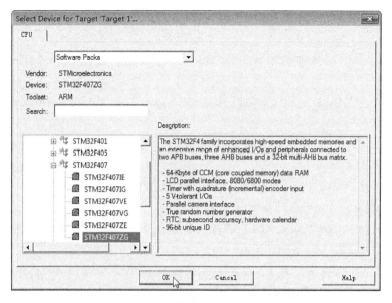

图 8.1.4　目标 CPU 设置对话框

④ 接下来，KeilMDK 弹出"Manage Run-Time Environment"对话框（见图 8.1.5），这是 μVision5 的一个新功能，用户可以添加自己需要的组件，从而方便构建工程环境，这里不使用，直接单击"Cancel"即可。

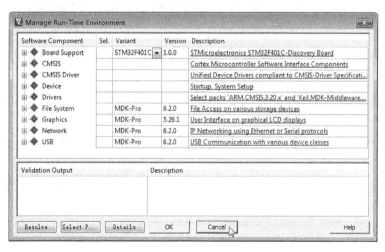

图 8.1.5　Manage Run-Time Environment 对话框

⑤ 至此，工程创建完毕，下面开始进行一系列的配置。

（2）复制支持库到工程文件夹

① 首先在工程路径下新建名为"inc"文件夹，并将以下文件复制到"inc"文件夹：

C:\Keil_v5 \ARM \Pack \ARM \CMSIS \4.2.0 \CMSIS \Include \core_cm4.h

C:\Keil_v5 \ARM \Pack \ARM \CMSIS \4.2.0 \CMSIS \Include \core_cmInstr.h

C：\Keil_v5 \ARM \Pack \ARM \CMSIS \4.2.0 \CMSIS \Include \core_cm-Func.h

C：\Keil_v5 \ARM \Pack \ARM \CMSIS \4.2.0 \CMSIS \Include \core_cm-Simd.h

C：\Keil_v5 \ARM \Pack \Keil \STM32F4xx_DFP \1.0.8 \Device \Include \stm32f4xx.h

C：\Keil_v5 \ARM \Pack \Keil \STM32F4xx_DFP \1.0.8 \Device \Include \system_stm32f4xx.h

C：\Keil_v5 \ARM \Pack \Keil \STM32F4xx_DFP \1.0.8 \Device \StdPeriph_Driver \templates \stm32f4xx_conf.h

C：\Keil_v5 \ARM \Pack \Keil \STM32F4xx_DFP \1.0.8 \Device \StdPeriph_Driver \inc \stm32f4xx_gpio.h

C：\Keil_v5 \ARM \Pack \Keil \STM32F4xx_DFP \1.0.8 \Device \StdPeriph_Driver \inc \stm32f4xx_rcc.h

C：\Keil_v5 \ARM \Pack \Keil \STM32F4xx_DFP \1.0.8 \Device \StdPeriph_Driver \inc \misc.h

② 然后在工程路径下新建名为"src"的文件夹，并将以下文件复制到"src"文件夹：

C：\Keil_v5 \ARM \Pack \Keil \STM32F4xx_DFP \1.0.8 \Device \Source \system_stm32f4xx.c

C：\Keil_v5 \ARM \Pack \Keil \STM32F4xx_DFP \1.0.8 \Device \StdPeriph_Driver \src \stm32f4xx_gpio.c

C：\Keil_v5 \ARM \Pack \Keil \STM32F4xx_DFP \1.0.8 \Device \StdPeriph_Driver \src \stm32f4xx_rcc.c

C：\Keil_v5 \ARM \Pack \Keil \STM32F4xx_DFP \1.0.8 \Device \StdPeriph_Driver \src \misc.c

③ 最后在工程路径下新建名为"core"的文件夹，并将以下文件复制到"core"文件夹：

C：\Keil_v5 \ARM \Pack \Keil \STM32F4xx_DFP \1.0.8 \Device \Source \ARM \startup_stm32f40_41xxx.s

④ 这些复制的文件是 ARM© Cortex™ 微控制器软件接口标准（CMSIS）支持库头文件、STM32F4 器件支持库头文件及其源码、STM32F4 汇编启动代码。

为了便于编程使用，建议用户将以下 2 个文件夹内的所有文件分别复制到工程路径下的"inc""src"：

C：\Keil_v5 \ARM \Pack \Keil \STM32F4xx_DFP \1.0.8 \Device \StdPeriph_Driver \inc *.*

C：\Keil_v5 \ARM \Pack \Keil \STM32F4xx_DFP \1.0.8 \Device \StdPeriph_Driver \src *.*

（3）按实际硬件修改支持库的参数

① 首先打开工程文件夹下的 inc\stm32f4xx_conf.h，找到以下内容，将标有删除线的语句行删除或注释掉并保存文件：

```
/* Includes ---------------------------------------------- */
/* Uncomment the line below to enable peripheral header file in-
clusion */
#include "RTE_Components.h"

#ifdef RTE_DEVICE_STDPERIPH_ADC
   #include "stm32f4xx_adc.h"              //如果工程中用到 stm32f4xx_adc.c
                                           //则不能删
#endif
#ifdef RTE_DEVICE_STDPERIPH_CRC
   #include "stm32f4xx_crc.h"              //如果工程中用到 stm32f4xx_crc.c
                                           //则不能删
#endif
#ifdef RTE_DEVICE_STDPERIPH_DBGMCU
   #include "stm32f4xx_dbgmcu.h"           //如果工程中用到 stm32f4xx_dbgm-
                                           //cu.c 则不能删
#endif
#ifdef RTE_DEVICE_STDPERIPH_DMA
   #include "stm32f4xx_dma.h"              //如果工程中用到 stm32f4xx_dma.c
                                           //则不能删
#endif
#ifdef RTE_DEVICE_STDPERIPH_EXTI
   #include "stm32f4xx_exti.h"             //如果工程中用到 stm32f4xx_exti.c
                                           //则不能删
#endif
#ifdef RTE_DEVICE_STDPERIPH_FLASH
   #include "stm32f4xx_flash.h"            //如果工程中用到 stm32f4xx_flash.c
                                           //则不能删
#endif
#ifdef RTE_DEVICE_STDPERIPH_GPIO           //如果工程中用到 stm32f4xx_gpio.h
   #include "stm32f4xx_gpio.h"             //则不能删
#endif
#ifdef RTE_DEVICE_STDPERIPH_I2C
   #include "stm32f4xx_i2c.h"              //如果工程中用到 stm32f4xx_i2c.c
                                           //则不能删
```

```
#endif
#ifdef RTE_DEVICE_STDPERIPH_IWDG
 #include "stm32f4xx_iwdg.h"          //如果工程中用到 stm32f4xx_iwdg.c
                                      //则不能删

#endif
#ifdef RTE_DEVICE_STDPERIPH_PWR
 #include "stm32f4xx_pwr.h"           //如果工程中用到 stm32f4xx_pwr.c
                                      //则不能删

#endif
#ifdef RTE_DEVICE_STDPERIPH_RCC
 #include "stm32f4xx_rcc.h"           //如果工程中用到 stm32f4xx_pwr.c
                                      //则不能删

#endif
#ifdef RTE_DEVICE_STDPERIPH_RTC
 #include "stm32f4xx_rtc.h"           //如果工程中用到 stm32f4xx_rtc.c
                                      //则不能删

#endif
#ifdef RTE_DEVICE_STDPERIPH_SDIO
 #include "stm32f4xx_sdio.h"          //如果工程中用到 stm32f4xx_sdio.c
                                      //则不能删

#endif
#ifdef RTE_DEVICE_STDPERIPH_SPI
 #include "stm32f4xx_spi.h"           //如果工程中用到 stm32f4xx_spi.c
                                      //则不能删

#endif
#ifdef RTE_DEVICE_STDPERIPH_SYSCFG
 #include "stm32f4xx_syscfg.h"        //如果工程中用到 stm32f4xx_sysc-
                                      //fg.c 则不能删

#endif
#ifdef RTE_DEVICE_STDPERIPH_TIM
 #include "stm32f4xx_tim.h"           //如果工程中用到 stm32f4xx_tim.c
                                      //则不能删

#endif
#ifdef RTE_DEVICE_STDPERIPH_USART
 #include "stm32f4xx_usart.h"         //如果工程中用到 stm32f4xx_us-
                                      //art.c 则不能删

#endif
#ifdef RTE_DEVICE_STDPERIPH_WWDG
```

~~#include "stm32f4xx_wwdg.h"~~　　　　//如果工程中用到 stm32f4xx_wwdg.c
　　　　　　　　　　　　　　　　　　　　//则不能删

~~#endif~~

② 再打开工程文件夹下的 inc \ stm32f4xx. h，找到以下内容：
```
#if ! defined （HSE_VALUE）
  #define HSE_VALUE   （(uint32_t)25000000)
                  /*! < Value of the External oscillator in Hz * /
#endif    /* HSE_VALUE * /
```
③ 因为库文件中将外部时钟默认为 25 MHz，而实际硬件中使用的是 8 MHz，所以将上述代码中标有下划线的"25000000"改为"8000000"并保存文件。

④ 最后打开工程文件夹下的 src \ system_ stm32f4xx. c，找到以下内容：
```
/* PLL_VCO = (HSE_VALUE or HSI_VALUE /PLL_M) * PLL_N * /
#define PLL_M25
```
⑤ 把第一级分频系数 PLL_ M 修改为 8：
```
/* PLL_VCO = (HSE_VALUE or HSI_VALUE /PLL_M) * PLL_N * /
#define PLL_M  8
```
⑥ 这样可以达到主时钟频率为 168 MHz。修改完成后保存文件。

（4）编写 main. c 主程序文件

① 单击主菜单"File → New"（或单击工具栏 按钮）出现一个空白窗口，输入以下程序代码：
```
#include "misc.h"
static u8  fac_us = 0;//us 延时倍乘数
static u16 fac_ms = 0;//ms 延时倍乘数


//初始化延迟函数
//SYSTICK 的时钟固定为 AHB 时钟的 1/8
//SYSCLK:系统时钟频率
void DelayInit(u8 SYSCLK)
{
    SysTick_CLKSourceConfig(SysTick_CLKSource_HCLK_Div8);
    fac_us = SYSCLK /8;
    fac_ms =(u16)fac_us * 1000;//代表每个 ms 需要的 SysTick 时钟数
}


//延时 nms
//注意 nms 的范围,因为 SysTick->LOAD 为 24 位寄存器,所以,最大延时为 nms
//<=0xffffff * 8 * 1000 /SYSCLK
```

```
//SYSCLK 单位为 Hz,nms 单位为 ms,在 168M 条件下,nms<=798ms
void delay_xms(u16 nms)
{
    u32 temp;
    SysTick->LOAD = (u32)nms * fac_ms;
                                //时间加载(SysTick->LOAD 为 24bit)
    SysTick->VAL = 0;               //清空计数器
    SysTick->CTRL |= SysTick_CTRL_ENABLE_Msk;        //开始倒数
    do
    {
        temp = SysTick->CTRL;
    } while((temp & 0x01) && ! (temp & (1 << 16)));   //等待时间到达
    SysTick->CTRL &= ~SysTick_CTRL_ENABLE_Msk;       //关闭计数器
    SysTick->VAL = 0;                                 //清空计数器
}


//延时 nms
//nms:0~65535
void delay_ms(u16 nms)
{
    u8 repeat = nms /540;        //这里用 540,是考虑到某些超频使用的场合
    u16 remain = nms % 540;
                //当超频到 248MHz 时,delay_xms 最大只能延时 541ms 左右
    while(repeat)
    {
        delay_xms(540);
        repeat--;
    }
    if(remain)
        delay_xms(remain);
}


int main()
{
    GPIO_InitTypeDef GPIO_InitStructure;
    DelayInit(168);                              //初始化延时函数
    RCC_AHB1PeriphClockCmd(RCC_AHB1Periph_GPIOF, ENABLE);
                                                 //使能 GPIOF 时钟
```

```
                                    //GPIO PF9,PF10 初始化设置
GPIO_InitStructure.GPIO_Pin = GPIO_Pin_9 |GPIO_Pin_10;
                                        //LED0,LED1 的 I/O 口
GPIO_InitStructure.GPIO_Mode = GPIO_Mode_OUT;    //普通输出模式
GPIO_InitStructure.GPIO_OType = GPIO_OType_PP;        //推输出
GPIO_InitStructure.GPIO_Speed = GPIO_Speed_100MHz;
                                            //GPIO 速度
GPIO_InitStructure.GPIO_PuPd = GPIO_PuPd_UP;          //上拉
GPIO_Init(GPIOF, &GPIO_InitStructure);            //初始化 GPIO
GPIO_SetBits(GPIOF, GPIO_Pin_9 |GPIO_Pin_10);  //LED0,LED1 熄灭
while(1)
{
    GPIO_ResetBits(GPIOF, GPIO_Pin_9);         //PF9 = 0,LED0 点亮
    GPIO_SetBits(GPIOF,GPIO_Pin_10);           //PF10 = 1,LED1 熄灭
    delay_ms(500);                             //延时 0.5s
    GPIO_SetBits(GPIOF,GPIO_Pin_9);            //PF9 = 1,LED0 熄灭
    GPIO_ResetBits(GPIOF,GPIO_Pin_10);         //PF10 = 0,LED1 点亮
    delay_ms(500);                             //延时 0.5s
}
}
```

② 程序代码输入完成后，单击主菜单"File → Save As"另存源程序，可以选择保存的路径，这里建议把源程序文件保存到工程所在的文件夹（本例中工程的路径是 C:\C51_Examples\Ex01_LED），输入文件名 main.c，再单击"保存"（见图 8.1.6）。

图 8.1.6　保存新建源程序

（5）管理工程

① 单击主菜单"Project → Manage → Components，Environment，Books"（或单击工具栏 按钮）弹出对话框（见图 8.1.7）。

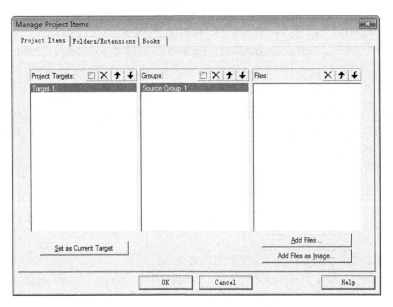

图 8.1.7　Manage Project Items 对话框

② 双击"Project Targets"中的"Target 1"，修改名字为"LED"。

③ 双击"Groups"中的"Source Group 1"，修改名字为"Source"；并单击"Groups"的 按钮，新建名为"core"和"lib"两个组。

④ 单击"Source"选中，然后在"Files"中单击"Add Files"按钮，在弹出的对话框中选择刚才保存的源程序文件 main. c（文件路径在 C：\STM32F407_Examples\Ex01_LED），再单击对话框右下角的"Add"按钮添加，最后单击"Close"按钮关闭。

⑤ 单击刚刚新建的"core"组，把工程"core"文件夹中的"startup_stm32f40_41xxx. s"添加进来，注意在文件类型中选择 Asm Source File（∗. s∗；∗. src；∗. a∗）。

⑥ 单击刚刚新建的"lib"组，把工程"src"文件夹中的"misc. c"、"stm32f4xx_gpio. c"、"stm32f4xx_rcc. c"、"system_stm32f4xx. c"添加进来。

⑦ 现在已经把本例程中需要使用的文件添加到工程了（见图 8.1.8），单击对话框"OK"按钮。

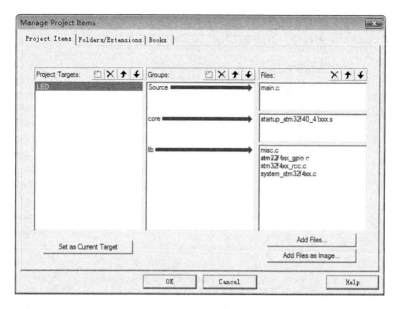

图 8.1.8　在 Manage Project Items 对话框将使用的源程序文件添加到工程

（6）配置工程

① 单击主菜单"Project → Options for Target'LED'"（或单击工具栏 按钮）弹出"Options for Target"对话框。

② 设置 CPU 晶振：在对话框的"Target"选项卡，将外部时钟设为 8.0（MHz），如图 8.1.9 所示。

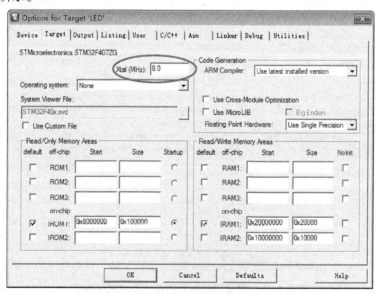

图 8.1.9　设置外部晶振

③ 设置输出文件：在"Output"选项卡中选中"Create HEX File"，以便在编译后生成可单独下载的 .HEX 文件，如图 8.1.10 所示。

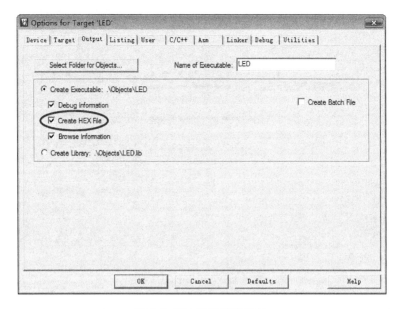

图 8.1.10　设置输出文件

④ 设置编译预处理符号及头文件路径：在 C/C++选项卡的 Define 框中输入"STM32F40_41xxx, USE_STDPERIPH_DRIVER"，并在 Include Paths 框中输入". \inc"（如果需要添加多个路径需用"；"分隔，也可单击右侧的 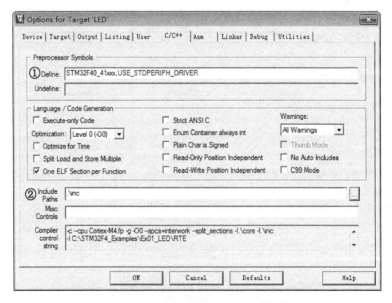 按钮以更便捷的方式添加），如图 8.1.11 所示。

图 8.1.11　设置编译预处理符号及头文件路径

⑤ 设置 Debug 参数：在 Debug 选项卡中，左侧为软件模拟调试选项，右侧为硬件联机调试选项。单击右侧的"Use"并将仿真器设置为 J-LINK / J-TRACE Cortex，勾选"Run to main( )"以便从 main( )函数开始调试，最后单击"Settings"进行仿真器设置，

如图 8.1.12 所示。

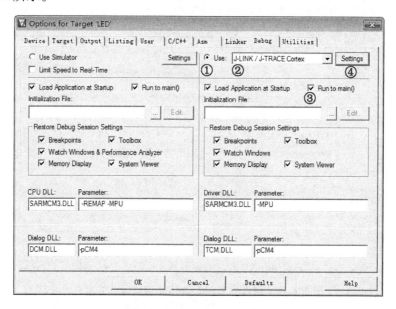

图 8.1.12　设置 Debug 参数

⑥ 在仿真器设置对话框，因板载 J-LINK 仿真器（J-LINK On Board，即 J-LINK OB）采用 SWD 接口，需要设置 ort 为 SW（见图 8.1.13）。

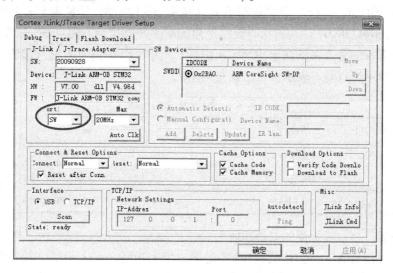

图 8.1.13　仿真器设置对话框

（7）编译工程

单击 "Project→Build target" 菜单项（或单击工具栏 按钮），将在 Build Output 窗口显示编译信息，当显示 0 Error（s）、0 Warning（s）时（出现的警告有时可以忽略）表示程序已通过编译并生成代码，可以进入调试或固化，如图 8.1.14 所示。

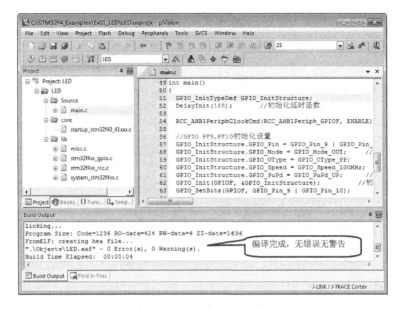

图 8.1.14 编译后 Build Output 窗口输出的信息

（8）设备通电

① 在实验装置断电状态下，将 STM32F407 嵌入式核心板正确安装在底板上，并将 STM32F407 嵌入式核心板 CPU 左下角的调试器选择开关拨至"内部"（板载 J-LINK），再将下方的 BOOT0、BOOT1 开关拨至下方（从 FLASH 启动，详见表 8.1.1 所列）。

② 确保 STM32F407 嵌入式核心板左上角的电源开关拨至右侧（ON 位置），打开实验装置工位下方的总开关（向上拨至 ON 位置），此时 STM32F407 嵌入式核心板左上角的红色电源指示灯点亮，表示设备已正常通电。

表 8.1.1 STM32 启动模式

BOOT0	BOOT1	启动模式	说明
0	X	用户闪存	即从片内 FLASH 启动
1	0	系统存储器	从系统存储器启动，用于串口下载
1	1	SRAM	从 SRAM 启动，用于在 SRAM 中调试代码

特别说明：核心板左侧的双排插座为接口扩展及二次开发使/利用，与 GPIO 相连，若所连的外设没有通电，会拉低 GPIO 的电平，增加功耗，干扰 STM32 的正常运行，所以实验时，须先拆除核心板与外设的连线后再进行实验；若不便拆除连线，请给所连的外设供电。例如，本实验没有用到 PEDISP2 接口板，若此时 PEDISP2 接口板与核心板有电缆连接，请拆除所连的电缆，或打开 PEDISP2 接口板上的电源开关及 TFT-LCD 的电源开关。

（9）实验电路

在 STM32F407 核心板上，PF9、PF10 已内部连接下方的 LED0（红）、LED1（绿），如图 8.1.15 所示。

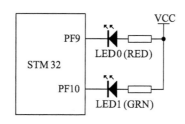

图 8.1.15　实验电路

（10）进入调试状态

单击工具栏 [🔍] 按钮（或单击主菜单"Debug→Start/Stop Debug Session"，从现在起建议用户优先使用工具栏命令）将刚才编译过的程序装载到 STM32 闪存，并进入调试状态。

调试命令可在主菜单 Debug 下找到，但在实际应用中通常使用快捷工具栏命令以提高效率。以下是工具栏上几种常用的调试命令：

[RST]：CPU 复位，使 CPU 回到初始状态，以便再次运行程序。

[📄↓]：全速运行，即开始运行用户程序，遇断点停止。

[⊗]：停止运行，停止正在运行的程序。

[{↓}]：单步进入，逐语句运行程序，遇过程时进入。

[{}]：单步跨越，逐语句运行程序，不进入过程，运行到过程后下一条语句。

[{↑}]：单步跨出，当运行至某过程中时，可步出过程，运行到过程后下一条语句。

[*{}]：运行到光标行，该命令属于断点的一种。

[●]：在光标行添加或删除断点，也可单击行号左边的深色区域来实现。

现在，全速运行本例的程序，单击工具栏 [📄↓] 按钮，核心板上 LED0、LED1 两个发光二极管每隔 0.5 秒交替点亮一次。

当要停止运行时单击 [⊗]；退出调试时单击 [🔍]。

在退出调试后，可以看到 2 个发光二极管依然在交替闪烁，因为仿真器在退出调试后 STM32F407 进入脱机运行状态，这是正常现象。

本例围绕 KeilMDK 环境的操作，讲述了 STM32F407 程序的建立与调试步骤，后续的实验中将注重硬件的构建和编程思路，不再讲述 Keil MDK 软件的操作。关于 Keil MDK 的更多使用方法，请参考软件的帮助文档，如图 8.1.16 所示。

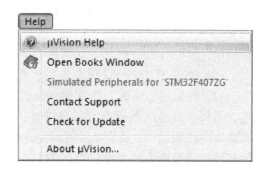

图 8.1.16　Keil MDK 的 Help 菜单

实验 8.2 按键输入

[实验目的]

了解基本的 GPIO 输入、输出操作，学习消除按键抖动的方法。

[实验内容]

STM32F407 核心板下方有 4 个连接 GPIO 的按键，分别是 WKUP（连接 PA0，按下为高电平）、KEY2（连接 PE2，按下为低电平）、KEY1（连接 PE3，按下为低电平）、KEY0（连接 PE4，按下为低电平），当未按下按键时，相关的 GPIO 是完全独立的，用户可以另作他用。本实验将用这 4 个按键控制 LED0、LED1：

（1）当按下 WKUP 按键时，点亮发光二极管 LED0、LED1；

（2）当按下 KEY2 按键时，点亮发光二极管 LED0，熄灭发光二极管 LED1；

（3）当按下 KEY1 按键时，熄灭发光二极管 LED0、LED1；

（4）当按下 KEY0 按键时，熄灭发光二极管 LED0，点亮发光二极管 LED1。

[实验设备]

（1）PC 计算机   1 台

（2）STM32F407 核心板   1 块

[实验电路]

按键输入实验电路如图 8.2.1 所示。

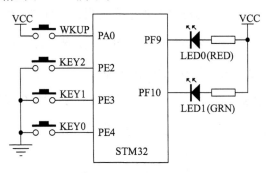

图 8.2.1　按键输入实验电路

[实验步骤]

（1）在实验装置断电状态下，将 STM32F407 核心板正确安装在底板上，并将 STM32F407 嵌入式核心板 CPU 左下角的调试器选择开关拨至"内部"，再将下方的 BOOT0、BOOT1 开关拨至下方（从 Flash 启动，详见表 8.1.1 所列）。

（2）确保 STM32F407 核心板左上角的电源开关拨至右侧（ON 位置）。

（3）特别说明：核心板左侧的双排插座为接口扩展及二次开发使用，与 GPIO 相连，若核心板通电而所连的外设没有通电时，会拉低 GPIO 的电平，增加功耗，干扰 STM32 的正常运行，所以实验时须先拆除核心板与外设的连线后再进行实验；若不便拆除连线，请给所连的外设供电。例如，本实验没有用到 PEDISP2 接口板，若此时 PE-DISP2 接口板与核心板有电缆连接，请拆除所连的电缆，或打开 PEDISP2 接口板上左上角的电源开关及其右侧的 TFT-LCD 的电源开关。

（4）打开实验装置工位下方的总开关（向上拨至 ON 位置），此时 STM32F407 核心板左上角的红色电源指示灯应点亮，表示设备已正常通电。

（5）本实验的电路已在核心板上内部连接（见图 8.2.1）。

（6）运行 MDK 环境编写程序并编译生成代码，进入调试状态。

（7）全速运行程序，试着按动 4 个按键，观察发光二极管，是否与实验内容预期的结果一致。

实验 8.3　外部中断

[实验目的]

（1）了解 STM32 的中断系统，学习将 GPIO 配置为中断线的方法；

（2）了解外部中断的触发方式，熟悉外部中断程序的编写。

[实验内容]

STM32 中所有的 GPIO 都引入了 EXTI 外部中断线，意味着所有的 GPIO 经过配置后都能触发中断。本实验将 STM32F407 核心板下方的 4 个连接 GPIO 的按键配置为中断线，分别是 WKUP（PA0，上升沿触发）、KEY2~0（PE2~PE4，下降沿触发）。本实验将用这 4 个按键触发外部中断并控制 LED0、LED1：

（1）程序在进行一系列初始化后进入主循环等待中断，此时 LED0、LED1 常亮，表示主程序正在运行，未进入中断服务函数；

（2）当按下 WKUP 按键时触发外部中断 0，LED0、LED1 同步闪烁 5 次后返回主程序；

（3）当按下 KEY2 按键时触发外部中断 2，仅 LED0 闪烁 5 次后返回主程序；

（4）当按下 KEY1 按键时触发外部中断 3，LED0、LED1 交替闪烁 5 次后返回主程序；

（5）当按下 KEY0 按键时触发外部中断 4，仅 LED1 闪烁 5 次后返回主程序。

[实验设备]

（1）PC 计算机　　　　　　　　　　　　　1 台

（2）STM32F407 核心板　　　　　　　　　1 块

[实验电路]

外部中断实验电路如图 8.3.1 所示。

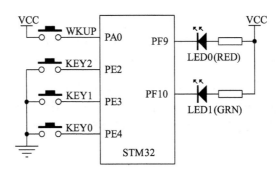

图 8.3.1　外部中断实验电路

[实验步骤]

（1）在实验装置断电状态下，将 STM32F407 核心板正确安装在底板上，并将 STM32F407 嵌入式核心板 CPU 左下角的调试器选择开关拨至"内部"，再将下方的 BOOT0、BOOT1 开关拨至下方（从 Flash 启动，详见表 8.1.1 所列）。

（2）确保 STM32F407 核心板左上角的电源开关拨至右侧（ON 位置）。

（3）特别说明：核心板左侧的双排插座为接口扩展及二次开发使用，与 GPIO 相连，若核心板通电而所连的外设没有通电时，会拉低 GPIO 的电平，增加功耗，干扰 STM32 的正常运行，所以实验时须先拆除核心板与外设的连线后再进行实验；若不便拆除连线，请给所连的外设供电。例如，本实验没有用到 PEDISP2 接口板，若此时 PE-DISP2 接口板与核心板有电缆连接，请拆除所连的电缆，或打开 PEDISP2 接口板上左上角的电源开关及其右侧的 TFT-LCD 的电源开关。

（4）打开实验装置工位下方的总开关（向上拨至 ON 位置），此时 STM32F407 核心板左上角的红色电源指示灯点亮，表示设备已正常通电。

（5）本实验的电路已在核心板上内部连接（见图 8.3.1）。

（6）运行 MDK 环境编写程序并编译生成代码，进入调试状态。

（7）全速运行程序，LED0、LED1 常亮，试着按动 4 个按键，观察发光二极管，是否与实验内容预期的结果一致。

实验 8.4　独立"看门狗"（IWDG）

[实验目的]

学习 STM32F407 芯片独立"看门狗"的使用，熟悉独立"看门狗"的初始化方法。

[实验内容]

STM32F4 系列内部自带了 2 个"看门狗"：独立"看门狗"（IWDG）和窗口"看门狗"（WWDG）。本实验只介绍独立"看门狗"，窗口"看门狗"将在下一个实验中介绍。本实验将通过按键 WKUP 来输入"喂狗"信号，然后通过 LED0 显示复位状态。

STM32F4 系列的独立"看门狗"由内部专门的 32 kHz 低速时钟（LSI）驱动，即使主时钟发生故障时，它依然有效。这里需要注意，独立"看门狗"的时钟是一个内部 RC 时钟，所以并不是精准的 32 kHz，而是在 15~47 kHz 之间的一个可变的时钟，只是在估算的时候，以 32 kHz 的频率来计算，"看门狗"对时间的要求不是很高，所以即使时钟有偏差，也是可以接受的。

程序在进行一系列初始化后点亮 LED0 并进入主循环等待喂狗信号，在没有按 WKUP 时可以看到 LED0 在不停闪烁，表示程序在不停地复位；此时试着连续按 WKUP 按键，就可以看到 LED0 常亮，表示喂狗成功，程序在正常运行；若停止按 WKUP 按键，LED0 继续闪烁，表示程序继续在复位。

[实验设备]

(1) PC 计算机　　　　　　　　　　　　　1 台

(2) STM32F407 核心板　　　　　　　　　 1 块

[实验电路]

独立"看门狗"（IWDG）实验电路如图 8.4.1 所示。

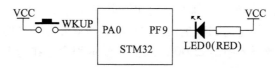

图 8.4.1　独立"看门狗"（IWDG）实验电路

[实验步骤]

(1) 在实验装置断电状态下，将 STM32F407 核心板正确安装在底板上，并将 STM32F407 嵌入式核心板 CPU 左下角的调试器选择开关拨至"内部"，再将下方的 BOOT0、BOOT1 开关拨至下方（从 Flash 启动，详见表 8.1.1 所列）。

(2) 确保 STM32F407 核心板左上角的电源开关拨至右侧（ON 位置）。

(3) 特别说明：核心板左侧的双排插座为接口扩展及二次开发使用，与 GPIO 相连，若核心板通电而所连的外设没有通电时，会拉低 GPIO 的电平，增加功耗，干扰 STM32 的正常运行，所以实验时须先拆除核心板与外设的连线后再进行实验；若不便拆除连线，请给所连的外设供电。例如，本实验没有用到 PEDISP2 接口板，若此时 PE-DISP2 接口板与核心板有电缆连接，请拆除所连的电缆，或打开 PEDISP2 接口板上左上角的电源开关及其右侧的 TFT-LCD 的电源开关。

(4) 打开实验装置工位下方的总开关（向上拨至 ON 位置），此时 STM32F407 核心板左上角的红色电源指示灯点亮，表示设备已正常通电。

(5) 本实验的电路已在核心板上内部连接（见图 8.4.1）。

(6) 运行 MDK 环境编写程序并编译生成代码，进入调试状态。

(7) 全速运行程序，观察发光二极管 LED0 是否不停闪烁（程序复位），试着按动 WKUP 按键，观察发光二极管 LED0，是否与实验内容预期的结果一致。

实验 8.5　定时器中断

[实验目的]

学习 STM32F407 的通用定时器的使用，熟悉窗口"看门狗"的初始化方法。

[实验内容]

STM32F4 的定时器功能十分强大，有 TIMER1、TIMER8 等高级定时器，也有 TIMER2~TIMER5、TIMER9~TIMER14 等通用定时器，还有 TIMER6、TIMER7 等基本定时器，总共达 14 个之多。

STM32F4 的通用定时器包含一个 16 位或 32 位的自动重载计数器（CNT），该计数器由可编程预分频器（PSC）驱动。STM32F4 的通用定时器可以被用于测量输入信号的脉冲长度（输入捕获）或者产生输出波形（输出比较和 PWM）等。使用定时器预分频器和 RCC 时钟控制器预分频器，脉冲长度和波形周期可以在几个微秒到几个毫秒间调整。STM32F4 的每个通用定时器都是完全独立的，没有互相共享的任何资源。

本实验将在主函数循环中用 LED0 的跳变来提示程序正在运行，使用 TIMER3 的定时器中断来控制 LED1 的跳变。

程序在进行一系列初始化后进入主循环，使 LED0 每隔 1 秒发生跳变，用来提示程序正在运行；而在定时器中断服务函数中使 LED1 每隔 0.5 秒发生跳变。

[实验设备]

（1）PC 计算机　　　　　　　　　　　　　　1 台

（2）STM32F407 核心板　　　　　　　　　　　1 块

[实验电路]

定时器中断实验电路如图 8.5.1 所示。

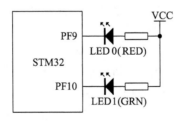

图 8.5.1　定时器中断实验电路

[实验步骤]

（1）在实验装置断电状态下，将 STM32F407 核心板正确安装在底板上，并将 STM32F407 嵌入式核心板 CPU 左下角的调试器选择开关拨至"内部"，再将下方的 BOOT0、BOOT1 开关拨至下方（从 Flash 启动，详见表 8.1.1 所列）。

（2）确保 STM32F407 核心板左上角的电源开关拨至右侧（ON 位置）。

（3）特别说明：核心板左侧的双排插座为接口扩展及二次开发使用，与 GPIO 相连，若核心板通电而所连的外设没有通电时，会拉低 GPIO 的电平，增加功耗，干扰 STM32 的正常运行，所以实验时须先拆除核心板与外设的连线后再进行实验；若不便拆除连线，请给所连的外设供电。例如，本实验没有用到 PEDISP2 接口板，若此时 PE-DISP2 接口板与核心板有电缆连接，请拆除所连的电缆，或打开 PEDISP2 接口板上左上角的电源开关及其右侧的 TFT-LCD 的电源开关。

（4）打开实验装置工位下方的总开关（向上拨至 ON 位置），此时 STM32F407 核心板左上角的红色电源指示灯点亮，表示设备已正常通电。

（5）本实验的电路已在核心板上内部连接（见图 8.5.1）。

（6）运行 MDK 环境编写程序并编译生成代码，进入调试状态。

（7）全速运行程序，在主函数中每隔 1 秒使 LED0 发生 1 次跳变，在定时器中断函数中每隔 0.5 秒使 LED1 发生 1 次跳变，观察实验现象，是否与实验内容预期的结果一致。

实验 8.6　PWM 输出

[实验目的]
学习使用 STM32F407 的定时器 TIMER14 来产生 PWM 输出的方法。

[实验内容]
PWM，即脉冲宽度调制（Pulse Width Modulation）的缩写，简称脉宽调制，是利用微处理器的数字输出来对模拟电路进行控制的一种非常有效的技术。简单地说，就是对脉冲宽度的控制。

本实验利用 TIMER14 的通道 1 可以通过 PF9 输出 PWM，而 PF9 连接的是 LED0，控制 PWM 的占空比，使 LED0 随着信号的变化由暗渐亮、由亮渐暗，呈现呼吸灯效果。

[实验设备]
（1）PC 计算机　　　　　　　　　　　　　　1 台
（2）STM32F407 核心板　　　　　　　　　　1 块

[实验电路]
PWM 输出实验电路如图 8.6.1 所示。

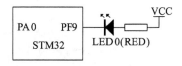

图 8.6.1　PWM 输出实验电路

[实验步骤]
（1）在实验装置断电状态下，将 STM32F407 核心板正确安装在底板上，并将 STM32F407 嵌入式核心板 CPU 左下角的调试器选择开关拨至"内部"，再将下方的 BOOT0、BOOT1 开关拨至下方（从 Flash 启动，详见表 8.1.1 所列）。

（2）确保 STM32F407 核心板左上角的电源开关拨至右侧（ON 位置）。

（3）特别说明：核心板左侧的双排插座为接口扩展及二次开发使用，与 GPIO 相连，若核心板通电而所连的外设没有通电时，会拉低 GPIO 的电平，增加功耗，干扰 STM32 的正常运行，所以实验时须先拆除核心板与外设的连线后再进行实验；若不便拆除连线,请给所连的外设供电。例如,本实验没有用到 PEDISP2 接口板,若此时 PE-DISP2 接口板与核心板有电缆连接,请拆除所连的电缆,或打开 PEDISP2 接口板上左上角的电源开关及其右侧的 TFT-LCD 的电源开关。

(4) 打开实验装置工位下方的总开关(向上拨至 ON 位置),此时 STM32F407 核心板左上角的红色电源指示灯点亮,表示设备已正常通电。

(5) 本实验的电路已在核心板上内部连接(见图 8.6.1)。

(6) 运行 MDK 环境编写程序并编译生成代码,进入调试状态。

(7) 全速运行程序,观察 LED0,是否与实验内容预期的结果一致,呈呼吸灯效果。

实验 8.7 串口通信

[实验目的]

学习 STM32F407 的串口通信程序的编写以及 CH340 芯片的使用。

[实验内容]

STM32F4 的串口资源相当丰富,功能也非常强大。STM32F407ZGT6 最多可提供 6 路串口,分别为分数波特率发生器、支持同步单线通信和半双工单线通信、支持 LIN、支持调制解调器操作、智能卡协议和 IrDA SIR ENDEC 规范、具有 DMA。

本实验使用 PA9 (U1TX)、PA10 (U1RX) 串口与 PC 进行数据通信(因大部分 PC 默认不配置 RS232,所以采用 CH340 芯片通过 USB 口在 PC 生成一个虚拟串口用于进行实验),STM32F4 向 PC 发送初始化字符串后等待接收,在 PC 端使用串口助手软件向 STM32 发送一 ASCII 字符串并以回车结尾,STM32 接收到完整的字符串后再回发给 PC。

[实验设备]

(1) PC 计算机   1 台

(2) STM32F407 核心板   1 块

[实验电路]

串门通信实验电路如图 8.7.1 所示。

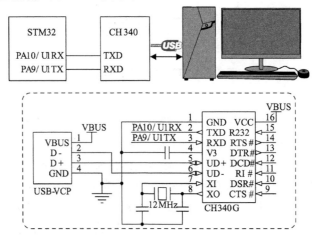

图 8.7.1 串门通信实验电路

[实验步骤]

（1）在实验装置断电状态下，将 STM32F407 核心板正确安装在底板上，并将 STM32F407 嵌入式核心板 CPU 左下角的调试器选择开关拨至"内部"，再将下方的 BOOT0、BOOT1 开关拨至下方（从 Flash 启动，详见表 8.1.1 所列）。

（2）确保 STM32F407 核心板左上角的电源开关拨至右侧（ON 位置）。

（3）特别说明：核心板左侧的双排插座为接口扩展及二次开发使用，与 GPIO 相连，若核心板通电而所连的外设没有通电时，会拉低 GPIO 的电平，增加功耗，干扰 STM32 的正常运行，所以实验时须先拆除核心板与外设的连线后再进行实验；若不便拆除连线，请给所连的外设供电。例如，本实验没有用到 PEDISP2 接口板，若此时 PE-DISP2 接口板与核心板有电缆连接，请拆除所连的电缆，或打开 PEDISP2 接口板上左上角的电源开关及其右侧的 TFT-LCD 的电源开关。

（4）打开实验装置工位下方的总开关（向上拨至 ON 位置），此时 STM32F407 核心板左上角的红色电源指示灯点亮，表示设备已正常通电。

（5）本实验的电路已在核心板上内部连接，另需要 1 条 USB 电缆连接 USB-VCP 单元的接口与 PC 的 USB 接口（见图 8.7.1）。首次使用需安装 CH340 驱动程序（见图 8.7.2）。

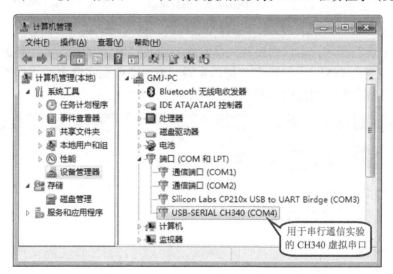

图 8.7.2　实验用的 CH340 虚拟串口

（6）运行串口调试助手软件（本例使用 AccessPort，也可以使用自己习惯的软件），设置串口号（以 CH340 驱动产生的实际串口号为准，本例中为 COM4）、波特率（本例使用 115200）、8 个数据位、1 个停止位、无奇偶校验（见图 8.7.3），设置完成后单击确定自动打开 PC 串口。

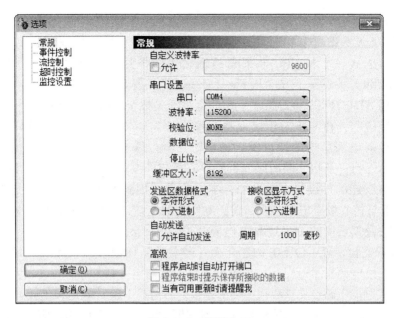

图 8.7.3　设置串口

（7）运行 MDK 环境编写程序并编译生成代码，进入调试状态。

（8）全速运行程序，串口助手软件接收到初始字符串，勾选"实时发送"，在串口助手软件发送框内输入一个字符串并按回车键，STM32 收到字符串后再回发给 PC，显示在串口助手软件的接收框内（见图 8.7.4）。

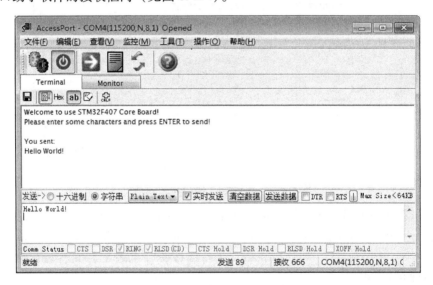

图 8.7.4　串口发送与接收

实验 8.8　电容式触摸按键

[实验目的]

学习使用 STM32F407 的定时器 TIMER2 的通道 1（PA5）来作为输入捕获，并实现一个简单的电容式触摸按键。

[实验内容]

电容式触摸按键与机械按键相比，具有寿命长、占用空间少、易于操作等诸多优点，在智能手机、智能穿戴设备、智能家电领域有广泛的应用。本实验将实现一种简单的电容式触摸按键。

利用 STM32F407 核心板右下角的触摸按键（TPAD）可实现对发光二极管 LED1 的控制，这里 TPAD 其实就是一小块覆铜区域，通过检测电容按键的充放电时间来判断是否有触摸操作。

使用 STM32F407 的 TIMER2 通道 1（PA5）来检测 TPAD 是否有触摸，在每次检测之前，先配置 PA5 为推挽输出对电容按键放电，然后配置 PA5 为浮空输入，利用外部上拉电阻给电容按键充电，同时开启 TIMER2 的 CH1 输入捕获，检测上升沿，当检测到上升沿的时候，就判断为电容按键充电完成，结束一次捕获检测，并在程序的主循环中进行下一次的捕获检测。

本实验在主循环中不断跳变 LED0 的状态以表示程序正在运行，每按一次 TPAD，使 LED1 发生一次跳变。

[实验设备]

（1）PC 计算机　　　　　　　　　　　　　1 台
（2）STM32F407 核心板　　　　　　　　　　1 块

[实验电路]

电容式触摸按键实验电路如图 8.8.1 所示。

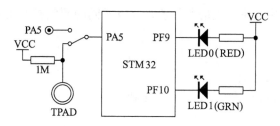

图 8.8.1　电容式触摸按键实验电路

[实验步骤]

（1）在实验装置断电状态下，将 STM32F407 核心板正确安装在底板上，并将 STM32F407 嵌入式核心板 CPU 左下角的调试器选择开关拨至"内部"，再将下方的 BOOT0、BOOT1 开关拨至下方（从 Flash 启动，详见表 8.1.1 所列）。

（2）确保 STM32F407 核心板左上角的电源开关拨至右侧（ON 位置）。

（3）特别说明：核心板左侧的双排插座为接口扩展及二次开发使用，与 GPIO 相连，若核心板通电而所连的外设没有通电时，会拉低 GPIO 的电平，增加功耗，干扰 STM32 的正常运行，所以实验时须先拆除核心板与外设的连线后再进行实验；若不便拆除连线，请给所连的外设供电。例如，本实验没有用到 PEDISP2 接口板，若此时 PE-DISP2 接口板与核心板有电缆连接，请拆除所连的电缆，或打开 PEDISP2 接口板上左上角的电源开关及其右侧的 TFT-LCD 的电源开关。

（4）打开实验装置工位下方的总开关（向上拨至 ON 位置），此时 STM32F407 核心板左上角的红色电源指示灯点亮，表示设备已正常通电。

（5）本实验的电路已在核心板上内部连接。需要注意的是，核心板右下角的 PA5 拨动开关是引出孔和触摸键的切换，拨至引出孔位置时可使用 PA5 插孔连接其他电路；拨至触摸键位置则 PA5 仅用于触摸键。本实验中请拨至触摸键位置（见图 8.8.1）。

（6）运行 MDK 环境编写程序并编译生成代码，进入调试状态。

（7）全速运行程序，观察 LED0，应循环闪烁，每按一次 TPAD 按键，使 LED1 发生一次跳变。

实验 8.9　TFT-LCD 显示

［实验目的］

学习 STM32F407 与 TFT-LCD 2.8" 屏的硬件构建以及程序设计方法。

［实验内容］

TFT-LCD，即薄膜晶体管液晶显示器（Thin Film Transistor-Liquid Crystal Display）。TFT-LCD 与无源 TN-LCD、STN-LCD 的简单矩阵不同，它在液晶显示屏的每一个像素上都设有一个薄膜晶体管（TFT），可有效地克服非选通时的串扰，使显示液晶屏的静态特性与扫描线数无关，大大提高了图像质量，因此 TFT-LCD 也被叫作真彩液晶显示器。

本实验中，我们使用 2.8 寸的 TFT-LCD 模块，该模块支持 65K 色显示，显示分辨率为 320×240，接口为 Intel 提出的 16 位 8080 总线标准，自带触摸屏。

本实验在主循环中显示不同的背景色，并以不同的颜色显示文字。

［实验设备］

（1）PC 计算机　　　　　　　　　　　　1 台

（2）STM32F407 核心板　　　　　　　　1 块

（3）PEDISP2 接口板　　　　　　　　　1 块

［实验电路］

TFT-LCD 显示实验电路如图 8.9.1 和图 8.9.2 所示。

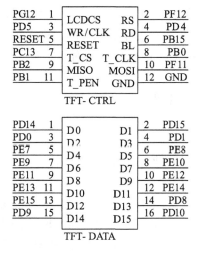

图 8.9.1 核心板 TFT-LCD 扩展插座引脚定义

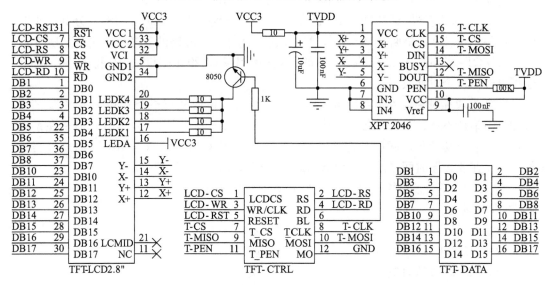

图 8.9.2 PEDISP2 接口板 TFT-LCD 单元电路

[实验步骤]

（1）在实验装置断电状态下，将 STM32F407 核心板、PEDISP2 接口板正确安装在底板上，并将 STM32F407 核心板 CPU 左下角的调试器选择开关拨至"内部"，再将下方的 BOOT0、BOOT1 开关拨至下方（从 Flash 启动，详见表 8.9.1 所列）。

（2）确保 STM32F407 核心板左上角的电源开关、PEDISP2 接口板左上角的电源开关及其右侧的 TFT-LCD 的电源开关拨至 ON 位置。

（3）打开实验装置工位下方的总开关（向上拨至 ON 位置），此时 STM32F407 核心板、PEDISP2 接口板左上角的红色电源指示灯点亮，表示设备已正常通电。

（4）用双排 12 芯短排线将 STM32F407 核心板左侧的 TFT-CTRL 连接到 PEDISP2 接口板右侧的 TFT-DATA 双排插座、用双排 16 芯短排线将 STM32F407 核心板左侧的 TFT-DATA 分别连接到 PEDISP2 接口板右侧的 TFT-DATA 双排插座。STM32F407 核心板的引脚定义如图 8.9.1 所示，DISP2 接口板的 TFT-LCD 单元电路如图 8.9.2 所示。

（5）运行 MDK 环境编写程序并编译生成代码，进入调试状态。

（6）全速运行程序，观察 TFT-LCD 屏，是否与实验内容预期的结果一致。

实验 8.10　RTC 实时时钟

[实验目的]

学习 STM32F407 内部实时时钟（RTC）的应用。

[实验内容]

STM32F4 的实时时钟（RTC）相对于 STM32F1 来说，改进了不少，带了日历功能，STM32F4 的 RTC 是一个独立的 BCD 定时/计数器。RTC 提供一个日历时钟（包含年月日时分秒信息）、两个可编程闹钟（ALARM_A 和 ALARM_B），以及一个具有中断功能的周期性可编程唤醒标志。RTC 还包含用于管理低功耗模式的自动唤醒单元。

两个 32 位寄存器（TR 和 DR）包含二进码十进数格式（BCD）的秒、分钟、小时（12 或 24 小时制）、星期、日期、月份和年份。此外，还可提供二进制格式的亚秒值。

STM32F4 的 RTC 可以自动将月份的天数补偿为 28、29（闰年）、30 和 31 天，并且还可以进行夏令时补偿。

RTC 模块和时钟配置是在后备区域，即在系统复位或从待机模式唤醒后 RTC 的设置和时间维持不变，只要后备区域供电正常，那么 RTC 将可以一直运行。但是在系统复位后，会自动禁止访问后备寄存器和 RTC，以防止对后备区域（BKP）的意外写操作。所以在要设置时间之前，先要取消后备区域（BKP）写保护。

本实验把 RTC 信息输出到 2.8 寸的 TFT-LCD 模块显示。

[实验设备]

（1）PC 计算机　　　　　　　　　　　1 台

（2）STM32F407 核心板　　　　　　　1 块

（3）PEDISP2 接口板　　　　　　　　1 块

[实验电路]

RTC 实时时钟实验电路如图 8.10.1 所示。

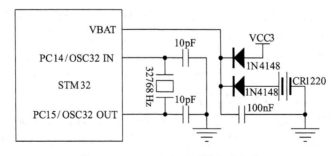

图 8.10.1　RTC 实时时钟实验电路

［实验步骤］

（1）在实验装置断电状态下，将 STM32F407 核心板、PEDISP2 接口板正确安装在底板上，并将 STM32F407 核心板 CPU 左下角的调试器选择开关拨至"内部"，再将下方的 BOOT0、BOOT1 开关拨至下方（从 Flash 启动，详见表 8.1.1 所列）。

（2）确保 STM32F407 核心板左上角的电源开关、PEDISP2 接口板左上角的电源开关及其右侧的 TFT-LCD 的电源开关拨至 ON 位置。

（3）打开实验装置工位下方的总开关（向上拨至 ON 位置），此时 STM32F407 核心板、PEDISP2 接口板左上角的红色电源指示灯点亮，表示设备已正常通电。

（4）RTC 电路：已在核心板上内部连接，如图 8.10.1 所示。

（5）TFT-LCD 液晶电路：用双排 12 芯短排线将 STM32F407 核心板左侧的 TFT-CTRL 连接到 PEDISP2 接口板右侧的 TFT-DATA 双排插座，用双排 16 芯短排线将 STM32F407 核心板左侧的 TFT-DATA 分别连接到 PEDISP2 接口板右侧的 TFT-DATA 双排插座。STM32F407 核心板的引脚定义如图 8.9.1 所示，DISP2 接口板的 TFT-LCD 单元电路如图 8.9.2 所示。

（6）运行 MDK 环境编写程序并编译生成代码，进入调试状态。

（7）全速运行程序，观察 TFT-LCD 屏，是否能每隔 0.1 秒刷新一次 RTC 信息。

实验 8.11　待机与唤醒

［实验目的］

学习 STM32F407 的待机与唤醒功能，熟悉处理器的低功耗模式。

［实验内容］

在 STM32F407 上电或复位以后，微控制器处于运行状态，在运行状态下，HCLK 为 CPU 提供时钟，执行程序代码。当 CPU 不需要继续运行时，可以利用多个低功耗模式来节省功耗，如等待某个外部事件时。用户需要根据最低电源消耗、最快速的启动时间和可用的唤醒源等条件，选定一个最佳的低功耗模式。

STM32F407 提供了 3 种低功耗模式，以达到不同层次的降低功耗的目的：

（1）睡眠模式（CM4 内核停止工作，外设仍在运行）；

（2）停止模式（所有的时钟都停止）；

（3）待机模式。

在运行模式下，也可以通过降低系统时钟关闭 APB 和 AHB 总线上未被使用的外设时钟来降低功耗。3 种低功耗模式如表 8.11.1 所示。

表 8.11.1　STM32F407 低功耗模式一览

模式名称	进入	唤醒	对 1.2 V 域时钟的影响	对 VDD 域时钟的影响	调压器
睡眠（立即休眠或退出时休眠）	WFI	任意中断	CPU CLK 对其他时钟或模拟时钟源无影响	无	开启
	WFE	唤醒事件			
停止	PDDS 和 LPDS 位+SLEEPDEEP 位+WFI 或 WFE	任意 EXTI 线（在 EXTI 寄存器中配置内部线和外部线）	所有 1.2 V 域时钟都关闭	HIS 和 HSE 振荡器关闭	开启或处于低功耗模式（取决于 STM32F407 的 PWR 电源控制寄存器 PWR_CR）
待机	PDDS + SLEEPDEEP 位+WFI 或 WFE	WKUP 引脚上升沿、RTC 闹钟、RTC 唤醒事件、RTC 入侵事件、RTC 时间戳事件、nRST 引脚外部复位、IWDG 复位	所有 1.2 V 域时钟都关闭	HIS 和 HSE 振荡器关闭	关闭

在这 3 种低功耗模式中，功耗最低的是待机模式。在此模式下，最低只需要 2.2 μA 左右的电流；停机模式是次低功耗的，其典型的电流消耗在 350 μA 左右；最后是睡眠模式。用户可以根据自己的需求来决定使用哪种低功耗模式。

本实验使用 STM32F407 最低功耗的待机模式。该模式是在 CM4 深睡眠模式时关闭电压调节器，整个 1.2 V 供电区域被断电，PLL、HSI 和 HSE 振荡器也被断电，除备份域（RTC 寄存器、RTC 备份寄存器和备份 SRAM）和待机电路中的寄存器外，SRAM 和寄存器内容都将丢失。

程序的主循环是使 LED0 不断跳变，但进入待机模式后，LED0 和 TFT-LCD 全暗，除了核心板和接口板上的红色电源指示灯亮着以外，其他现象看起来和未通电时一样。此时，长按 WKUP 按键保持 3 秒，可以看到 LED0 开始闪烁、TFT-LCD 点亮并显示，说明系统被唤醒。再长按 WKUP 按键保持 3 秒，LED0 熄灭、TFT-LCD 关闭，系统再次进入待机状态。

［实验设备］

（1）PC 计算机　　　　　　　　　　1 台

（2）STM32F407 核心板　　　　　　1 块

（3）PEDISP2 接口板　　　　　　　1 块

［实验电路］

待机与唤醒实验电路如图 8.11.1 所示。

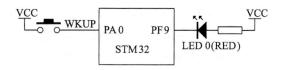

图 8.11.1 待机与唤醒实验电路

[实验步骤]

（1）在实验装置断电状态下，将 STM32F407 核心板、PEDISP2 接口板正确安装在底板上，并将 STM32F407 核心板 CPU 左下角的调试器选择开关拨全"内部"，再将下方的 BOOT0、BOOT1 开关拨至下方（从 Flash 启动，详见表 8.1.1 所列）。

（2）确保 STM32F407 核心板左上角的电源开关、PEDISP2 接口板左上角的电源开关及其右侧的 TFT-LCD 电源开关拨至 ON 位置。

（3）打开实验装置工位下方的总开关（向上拨至 ON 位置），此时 STM32F407 核心板、PEDISP2 接口板左上角的红色电源指示灯点亮，表示设备已正常通电。

（4）按键 WKUP 和发光二极管 LED0 的电路已在核心板上内部连接（见图 8.11.1）。

（5）TFT-LCD 液晶电路：用双排 12 芯短排线将 STM32F407 核心板左侧的 TFT-CTRL 连接到 PEDISP2 接口板右侧的 TFT-DATA 双排插座，用双排 16 芯短排线将 STM32F407 核心板左侧的 TFT-DATA 分别连接到 PEDISP2 接口板右侧的 TFT-DATA 双排插座。STM32F407 核心板的引脚定义如图 8.9.1 所示，DISP2 接口板的 TFT-LCD 单元电路如图 8.9.2 所示。

（6）运行 MDK 环境编写程序并编译生成代码，进入调试状态。

（7）全速运行程序，观察 LED0 和 TFT-LCD 屏，并试着按动 WKUP 按键，是否能进入/退出待机状态。

（8）特别注意：STM32F4 一旦进入待机状态，就无法再使用 J-LINK 或其他仿真器对其下载程序，唯一的方法是长按 WKUP 按键退出待机状态使 CPU 正常运行，才可以对芯片进行程序下载、擦除等操作。如果在以后的实验中发现 J-LINK 无法识别到 STM32F4，很有可能是下载了待机程序，可试着退出待机状态。

实验 8.12 ADC 模数转换

[实验目的]

学习 STM32F407 内部的 ADC1 的通道 5 来采集外部模拟量的编程方法。

[实验内容]

STM32F4 系列一般有 3 个 ADC，这些 ADC 可以独立使用，也可以使用双重或三重模式提高采样率。STM32F4 的 ADC 是 12 位逐次逼近型的模数转换器，有 19 个通道，可测量 16 个外部源、2 个内部源和 VBAT 通道的信号。这些通道的 A/D 转换可以单次、连续、扫描或间断模式执行。ADC 的结果可以左对齐或右对齐的方式存储在 16 位数据寄存器中。模拟"看门狗"特性允许应用程序检测输入电压是否超出用户定义的高/低阈值。

STM32F407ZGT6 包含有 3 个 ADC。STM32F4 的 ADC 最大转换速率为 2.4 MHz，也就是转换时间为 0.41 μs（在 ADCCLK=36 M 时采样周期为 3 个 ADC 时钟下得到），不要让 ADC 的时钟超过 36 M，否则将导致结果准确度下降。

表 8.12.1　STM32F407 模数转换器引脚对应关系

通道	0	1	2	3	4	5	6	7	8	9	10	11	12	13	14	15
ADC1	PA0	PA1	PA2	PA3	PA4	PA5	PA6	PA7	PB0	PB1	PC0	PC1	PC2	PC3	PC4	PC5
ADC2	PA0	PA1	PA2	PA3	PA4	PA5	PA6	PA7	PB0	PB1	PC0	PC1	PC2	PC3	PC4	PC5
ADC3	PA0	PA1	PA2	PA3	PF6	PF7	PF8	PF9	PF10	PF3	PC0	PC1	PC2	PC3	PF4	PF5

程序在进行一系列初始化工作后进入主循环，读取由 ADC1 通道 5（PA5 引脚）采集的数字量并转换为电压值，通过 TFT-LCD 屏显示。

关于 PA5 引脚的设置：在核心板上，PA5 引脚通过 1 个拨动开关来选择连到引出孔或是电容式触摸按键，请在使用电容式触摸按键时将开关拨至下方（触摸键），而需用 PA5 连接其他电路时拨至上方（引出孔）。

［实验设备］

（1）PC 计算机　　　　　　　　　1 台
（2）STM32F407 核心板　　　　　 1 块
（3）PESER 接口板　　　　　　　　1 块
（4）PEDISP2 接口板　　　　　　　1 块

［实验电路］

ADCE 模数转换电路如图 8.12.1 所示。

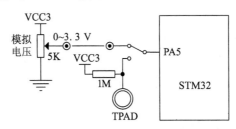

图 8.12.1　ADCE 模数转换实验电路

［实验步骤］

（1）在实验装置断电状态下，将 STM32F407 核心板、PESER 接口板、PEDISP2 接口板正确安装在底板上，并将 STM32F407 核心板 CPU 左下角的调试器选择开关拨至"内部"，再将下方的 BOOT0、BOOT1 开关拨至下方（从 Flash 启动，详见表 8.1.1 所列）。

（2）确保 STM32F407 核心板、PESER 接口板左上角的电源开关、PEDISP2 接口板左上角的电源开关及其右侧的 TFT-LCD 电源开关拨至 ON 位置。

（3）打开实验装置工位下方的总开关（向上拨至 ON 位置），此时 STM32F407 核心板、PEDISP2 接口板左上角的红色电源指示灯点亮，表示设备已正常通电。

（4）ADC 电路：将核心板的 PA5 连接到 PESER 接口板右下角的 0~3.3V 模拟电压（禁止接入大于 3.3 V 的电压）。需要注意的是，核心板右下角的 PA5 拨动开关是引出孔和触摸键的切换，拨至引出孔位置时可使用 PA5 插孔连接其他电路；拨至触摸键位置则 PA5 仅用于触摸键。本实验中请拨至引出孔位置（见图 8.12.1）。

（5）TFT-LCD 液晶电路：用双排 12 芯短排线将 STM32F407 核心板左侧的 TFT-CTRL 连接到 PEDISP2 接口板右侧的 TFT-DATA 双排插座，用双排 16 芯短排线将 STM32F407 核心板左侧的 TFT-DATA 分别连接到 PEDISP2 接口板右侧的 TFT-DATA 双排插座。STM32F407 核心板的引脚定义如图 8.9.1 所示，DISP2 接口板的 TFT-LCD 单元电路如图 8.9.2 所示。

（6）运行 MDK 环境编写程序并编译生成代码，进入调试状态。

（7）全速运行程序，调节 0~3.3 V 模拟电压，观察 TFT-LCD 屏显示的转换结果，是否与实验内容预期的结果一致。

实验 8.13　DMA 控制器

［实验目的］

学习 STM32F407 内部 DMA 控制器的使用，了解 DMA 的传输方式。

［实验内容］

DMA，即直接存储器访问（Direct Memory Access）。使用 DMA 进行数据传输时，无须 CPU 干预，也没有像中断处理方式那样保留现场和恢复现场的过程，通过硬件为存储器与外设之间开辟一条直接传送数据的通路。与 CPU 传输相比，DMA 传输的速度更快，不但能减轻 CPU 的负担，还能极大提高程序的执行效率，合理应用 DMA 能使程序设计变得更加简单。

STM32F4 最多有 2 个 DMA 控制器（DMA1 和 DMA2），共 16 个数据流（每个控制器 8 个），每个 DMA 控制器都用于管理一个或多个外设的存储器访问请求。每个数据流总共可以有多达 8 个通道（或称请求）。每个数据流通道都有一个仲裁器，用于处理 DMA 请求间的优先级。

本实验将使用存储器到存储器的方式，为了便于实验现象的观察，准备了 3 组字符串作为源数据，按 KEY1 启动 DMA，将源数据传送到目标单元，按 KEY0 读出目标单元的数据，所有读写数据均通过 TFT-LCD 屏显示，用于判断 DMA 传输是否正确。

［实验设备］

（1）PC 计算机　　　　　　　　　　　1 台
（2）STM32F407 核心板　　　　　　　1 块
（3）PEDISP2 接口板　　　　　　　　1 块

［实验电路］

DMA 控制器实验电路如图 8.13.1 所示。

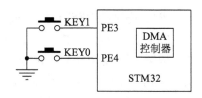

图 8.13.1　DMA 控制器实验电路

[实验步骤]

（1）在实验装置断电状态下，将 STM32F407 核心板、PEDISP2 接口板正确安装在底板上，并将 STM32F407 核心板 CPU 左下角的调试器选择开关拨至"内部"，再将下方的 BOOT0、BOOT1 开关拨至下方（从 Flash 启动，详见表 8.1.1 所列）。

（2）确保 STM32F407 核心板左上角的电源开关、PEDISP2 接口板左上角的电源开关及其右侧的 TFT-LCD 电源开关拨至 ON 位置。

（3）打开实验装置工位下方的总开关（向上拨至 ON 位置），此时 STM32F407 核心板、PEDISP2 接口板左上角的红色电源指示灯点亮，表示设备已正常通电。

（4）DMA 控制器已集成于 STM32F407 片内；KEY1、KEY0 按键电路已在核心板上内部连接，如图 8.13.1 所示。

（5）TFT-LCD 液晶电路：用双排 12 芯短排线将 STM32F407 核心板左侧的 TFT-CTRL 连接到 PEDISP2 接口板右侧的 TFT-DATA 双排插座，用双排 16 芯短排线将 STM32F407 核心板左侧的 TFT-DATA 分别连接到 PEDISP2 接口板右侧的 TFT-DATA 双排插座。STM32F407 核心板的引脚定义如图 8.9.1 所示，DISP2 接口板的 TFT-LCD 单元电路如图 8.9.2 所示。

（6）运行 MDK 环境编写程序并编译生成代码，进入调试状态。

（7）全速运行程序，当按下 KEY1 按键后启动 DMA 传输，按下 KEY0 按键后读出 DMA 传输的数据，观察 TFT-LCD 屏显示的源数据与目标数据是否一致，用于判断 DMA 传输是否正确。

实验 8.14　IIC 总线实验——24C02 读写

[实验目的]

学习 IIC 总线的读写时序，使用 GPIO 模拟 IIC 时序，实现与 24C02 的双向通信。

[实验内容]

IIC（Inter-Integrated Circuit）总线是由 PHILIPS 公司开发的 2 线式串行总线，用于连接微控制器及其外围设备，它是由数据线 SDA 和时钟 SCL 构成的串行总线，可发送和接收数据。在 CPU 与 IC、IC 与 IC 之间进行双向传送，高速 IIC 总线可达 400 kbps 以上。

IIC 总线在传送数据过程中共有 3 种类型信号，分别是开始信号、结束信号和应答信号。

（1）开始信号：SCL 为高电平时，SDA 由高电平向低电平跳变，开始传送数据。

（2）结束信号：SCL 为高电平时，SDA 由低电平向高电平跳变，结束传送数据。

（3）应答信号：接收数据的 IC 在接收到 8bit 数据后，向发送数据的 IC 发出特定的低电平脉冲，表示已收到数据。CPU 向受控单元发出一个信号后，等待受控单元发出一个应答信号，CPU 接收到应答信号后，根据实际情况作出是否继续传递信号的判断。若未收到应答信号，判断为受控单元出现故障。

STM32F407 核心板搭载的 EEPROM 为 24C02，该芯片采用 IIC 总线，容量为 256 字节，通过 IIC 总线与 CPU 连接。虽然 STM32F407 自带 IIC 总线接口，但 ST 为了规避 PHILIPS 的 IIC 专利，采用了非 PHILIPS 标准的 IIC 接口，所以不推荐使用。本实验采用 GPIO 模拟 IIC 时序，除了可以深入学习 IIC 时序之外，最大的好处就是方便程序移植，同一个程序仅作少量修改就可以兼容所有 MCU。

本实验为了便于实验现象的观察，准备了 3 组字符串作为源数据，按 KEY1 将源数据写入 24C02，按 KEY0 从 24C02 读出数据，所有读写数据均通过 TFT-LCD 屏显示，用于判断 24C02 的读写是否正确。

［实验设备］

（1）PC 计算机　　　　　　　　　1 台

（2）STM32F407 核心板　　　　　　1 块

（3）PEDISP2 接口板　　　　　　　1 块

［实验电路］

IIC 总线实验电路如图 8.14.1 所示。

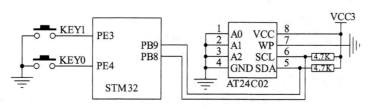

图 8.14.1　IIC 总线实验电路

［实验步骤］

（1）在实验装置断电状态下，将 STM32F407 核心板、PEDISP2 接口板正确安装在底板上，并将 STM32F407 核心板 CPU 左下角的调试器选择开关拨至"内部"，再将下方的 BOOT0、BOOT1 开关拨至下方（从 Flash 启动，详见表 8.1.1 所列）。

（2）确保 STM32F407 核心板左上角的电源开关、PEDISP2 接口板左上角的电源开关及其右侧的 TFT-LCD 的电源开关拨至 ON 位置。

（3）打开实验装置工位下方的总开关（向上拨至 ON 位置），此时 STM32F407 核心板、PEDISP2 接口板左上角的红色电源指示灯点亮，表示设备已正常通电。

（4）本实验的电路已在核心板上内部连接（见图 8.14.1）。

（5）TFT-LCD 液晶电路：用双排 12 芯短排线将 STM32F407 核心板左侧的 TFT-CTRL 连接到 PEDISP2 接口板右侧的 TFT-DATA 双排插座，用双排 16 芯短排线将 STM32F407 核心板左侧的 TFT-DATA 分别连接到 PEDISP2 接口板右侧的 TFT-DATA 双排插座。STM32F407 核心板的引脚定义如图 8.9.1 所示，DISP2 接口板的 TFT-LCD 单元电路如图 8.9.2 所示。

（6）运行 MDK 环境编写程序并编译生成代码，进入调试状态。

（7）全速运行程序，当按下 KEY1 按键将源数据写入 24C02，按下 KEY0 从 24C02 读出目标数据，观察 TFT-LCD 屏显示的源数据与目标数据是否一致，用于判断 24C02 的读写操作是否正确。

实验 8.15　SPI 总线实验——W25Q128 读写

[实验目的]

学习 SPI 总线的读写时序，使用 STM32F407 自带的 SPI 接口实现对外部 Flash（W25Q128）的读写。

[实验内容]

SPI（Serial PeripheralInterface）串行外设接口，是 MOTOROLA 首先在其 MC68HC 系列处理器上定义的。SPI 接口主要应用在 EEPROM、Flash、实时时钟、AD 转换器以及数字信号处理器和数字信号解码器等领域。SPI 是一种高速、全双工、同步的通信总线，并且在芯片的管脚上只占用 4 根线，节约了芯片的管脚，同时为 PCB 的布局节省空间，提供方便。正是出于这种简单易用的特性，使越来越多的芯片集成了这种通信协议。STM32F4 系列也集成了 SPI 接口。

SPI 接口一般使用 4 条线通信：

（1）MISO：主设备数据输入，从设备数据输出。

（2）MOSI：主设备数据输出，从设备数据输入。

（3）SCLK：时钟信号，由主设备产生。

（4）CS：从设备片选信号，由主设备控制。

主机和从机都有一个串行移位寄存器，主机通过向它的 SPI 串行寄存器写入一个字节来发起一次传输。寄存器通过 MOSI 信号线将字节传送给从机，从机也将自己移位寄存器中的内容通过 MISO 信号线返回给主机。这样，两个移位寄存器中的内容就被交换。外设的写操作和读操作是同步完成的。如果只进行写操作，主机只需忽略接收到的字节；反之，若主机要读取从机的一个字节，就必须发送一个空字节来引发从机的传输。

SPI 的主要特点：同时发出和接收串行数据、当作主机或从机工作、提供频率可编程时钟、发送结束中断标志、写冲突保护、总线竞争保护等。

STM32F407 核心板搭载的 FLASH 为 W25Q 128，该芯片采用 SPI 总线，容量为 16 MB，分为 256 个块（Block），每个块大小为 64 KB，每个块又分为 16 个扇区（Sector），每个扇区 4 KB。W25Q 128 的最小擦除单位为一个扇区，也就是每次写操作至少必须擦除 4 KB，因此需要给 W25Q128 开辟一个至少 4 KB 的缓存区，这对 SRAM 要求比较高，要求芯片必须有 4KB 以上的 SRAM 才能很好地操作。

本实验为了便于实验现象的观察，准备了 3 组字符串作为源数据，按 KEY1 将源数据写入 W25Q128，按 KEY0 从 W25Q128 读出数据，所有读写数据均通过 TFT-LCD 屏显示，用于判断 W25Q128 的读写是否正确。

[实验设备]

（1）PC 计算机　　　　　　　　　1 台

（2）STM32F407 核心板　　　　　　1 块

（3）PEDISP2 接口板　　　　　　　1 块

[实验电路]

SPI 总线实验电路如图 8.15.1 所示。

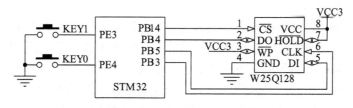

图 8.15.1　SPI 总线实验电路

[实验步骤]

（1）在实验装置断电状态下，将 STM32F407 核心板、PEDISP2 接口板正确安装在底板上，并将 STM32F407 核心板 CPU 左下角的调试器选择开关拨至"内部"，再将下方的 BOOT0、BOOT1 开关拨至下方（从 Flash 启动，详见表 8.1.1 所列）。

（2）确保 STM32F407 核心板左上角的电源开关、PEDISP2 接口板左上角的电源开关及其右侧的 TFT-LCD 的电源开关拨至 ON 位置。

（3）打开实验装置工位下方的总开关（向上拨至 ON 位置），此时 STM32F407 核心板、PEDISP2 接口板左上角的红色电源指示灯点亮，表示设备已正常通电。

（4）本实验的电路已在核心板上内部连接（图 8.15.1）。

（5）TFT-LCD 液晶电路：用双排 12 芯短排线将 STM32F407 核心板左侧的 TFT-CTRL 连接到 PEDISP2 接口板右侧的 TFT-DATA 双排插座，用双排 16 芯短排线将 STM32F407 核心板左侧的 TFT-DATA 分别连接到 PEDISP2 接口板右侧的 TFT-DATA 双排插座。STM32F407 核心板的引脚定义如图 8.9.1 所示，DISP2 接口板的 TFT-LCD 单元电路如图 8.9.2 所示。

（6）运行 MDK 环境编写程序并编译生成代码，进入调试状态。

（7）全速运行程序，当按下 KEY1 按键将源数据写入 W25Q128，按下 KEY0 从 W25Q128 读出目标数据，观察 TFT-LCD 屏显示的源数据与目标数据是否一致，用于判断 W25Q128 的读写操作是否正确。

实验 8.16　触摸屏

[实验目的]

学习 STM32F407 控制触摸屏的方法，实现触摸屏驱动，完成一个手写板功能。

[实验内容]

PEDISP2 接口板的 TFT-LCD 上配的是电阻式触摸屏，是与显示屏表面紧密贴合的一种多层的复合薄膜，它以一层玻璃或硬塑料平板作为基层，表面涂有一层透明氧化金属（透明的导电电阻）导电层，上面再盖有一层外表面硬化处理、光滑防擦的塑料层、它的内表面也有一层涂层、在它们之间有许多细小的（小于 0.001 英寸）的透明隔离点把两层导电层隔开绝缘。当手指触摸屏幕时，两层导电层在触摸点位置就有了接触，电阻发生变化，在 X 和 Y 两个方向上产生信号被送至触摸屏控制器。触摸屏控制器侦测到这一接触并计算出 X 和 Y 的位置，再根据获得的位置模拟鼠标的方式运作。这就是电阻式触摸屏最基本的原理。

电阻式触摸屏的优点是精度高、成本低、抗干扰能力强、稳定性好；它的缺点是容易被划伤、透光性不太好、不支持多点触摸。因此电阻式触摸屏在工业控制领域的应用较为广泛，而电容式触摸屏则多用于消费电子领域。

从以上介绍可知，触摸屏都需要一个 A/D 转换器，一般来说是需要一个控制器的。TFT-LCD 模块选择的是四线电阻式触摸屏，这种触摸屏的控制芯片有很多，有 ADS7843、ADS7846、TSC2046、XPT2046 和 AK4182 等，这几款芯片的驱动基本上是一样的，这意味着只需要写出一种芯片的驱动，这个驱动可以兼容其他几个芯片，而且封装也有一样的，完全 PIN TO PIN 兼容，所以芯片的替换也很方便。

PEDISP2 接口板的 TFT-LCD 模块使用的触摸屏控制芯片是 XPT2046，这是一款 4 线制触摸屏控制器，内含 12 位分辨率 125 kHz 转换速率，逐步逼近型 A/D 转换器。XPT2046 支持 1.5~5.25 V 的宽电压 I/O 接口，能通过执行 2 次 A/D 转换查出被按的屏幕位置，除此之外还可以测量加在触摸屏上的压力。内部自带 2.5 V 参考电压，可以作为辅助输入、温度测量和电池监测模式之用，电池监测的电压范围是 0~6 V。

本实验使用 KEY0 按键用于触摸屏的校准，使用 24C02 保存校准数据，程序运行时先读取 24C02 的数据判断触摸屏是否已校验过，如果没有校验，则先执行校准程序，后执行触摸屏测试程序；如果已经校准，则直接进入触摸屏测试程序，用手指触控屏幕，触摸屏将实现电子手写板的功能，轻触屏幕右上角的 CLS 区域可清除屏幕显示，在触摸屏测试程序运行过程中可随机按 KEY0 进入强制校准。

[实验设备]

（1）PC 计算机　　　　　　　　1 台

（2）STM32F407 核心板　　　　　1 块

（3）PEDISP2 接口板　　　　　　1 块

[实验电路]

触摸屏实验电路如图 8.16.1 和 8.16.2 所示。

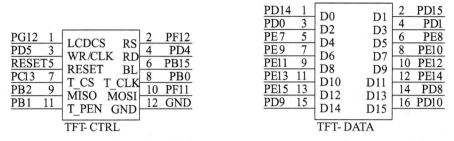

图 8.16.1　核心板 TFT-LCD 扩展插座引脚定义

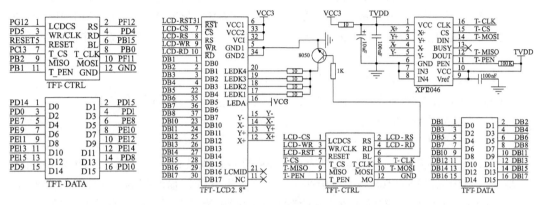

图 8.16.2　PEDISP2 接口板 TFT-LCD 单元电路

[**实验步骤**]

（1）在实验装置断电状态下，将 STM32F407 核心板、PEDISP2 接口板正确安装在底板上，并将 STM32F407 核心板 CPU 左下角的调试器选择开关拨至"内部"，再将下方的 BOOT0、BOOT1 开关拨至下方（从 Flash 启动，详见表 8.1.1 所列）。

（2）确保 STM32F407 核心板左上角的电源开关、PEDISP2 接口板左上角的电源开关及其右侧的 TFT-LCD 的电源开关拨至 ON 位置。

（3）打开实验装置工位下方的总开关（向上拨至 ON 位置），此时 STM32F407 核心板、PEDISP2 接口板左上角的红色电源指示灯点亮，表示设备已正常通电。

（4）用双排 12 芯短排线将 STM32F407 核心板左侧的 TFT-CTRL 连接到 PEDISP2 接口板右侧的 TFT-DATA 双排插座，用双排 16 芯短排线将 STM32F407 核心板左侧的 TFT-DATA 分别连接到 PEDISP2 接口板右侧的 TFT-DATA 双排插座。STM32F407 核心板的扩展插座引脚定义如图 8.9.1 所示，DISP2 接口板的 TFT-LCD 单元电路如图 8.9.2 所示。

（5）运行 MDK 环境编写程序并编译生成代码，进入调试状态。

（6）全速运行程序，观察 TFT-LCD 屏，并试着用手指对屏幕进行触摸、滑动操作，是否与实验内容预期的结果一致。

实验 8.17 红外遥控

[实验目的]

学习利用 STM32F407 的输入捕获功能,对来自红外遥控器的编码信号进行解码。

[实验内容]

红外遥控是一种无线、非接触控制技术,具有抗干扰能力强、信息传输可靠、功耗低、成本低、易实现等优点,被工业控制、家用电器、智能玩具等领域广泛采用。

目前广泛使用的红外遥控编码是 NEC 协议(PWM,脉冲宽度调制)和 PHILIPS 协议(PPM,脉冲位置调制),实验装置配套的遥控器使用的是 NEC 协议,其特征如下:

(1) 8 位地址和 8 位指令长度。

(2) 地址和命令 2 次传输(确保可靠性)。

(3) PWM 脉冲位置调制,以发射红外载波的占空比代表"0"和"1"。

(4) 载波频率为 38 kHz;

(5) 位时间为 1.125 ms 或 2.25 ms。

NEC 码的位定义:一个脉冲对应 560 μs 的连续载波,一个逻辑 1 的传输时间为 2.25 ms(560 μs 脉冲+1680 μs 低电平),一个逻辑 0 的传输时间为 1.125 ms(560 μs 脉冲+560 μs 低电平)。红外接收头在收到脉冲的时候为低电平,在没有脉冲的时候为高电平,这样在接收头端收到的信号为:逻辑 1 为 560 μs 低+1680 μs 高,逻辑 0 为 560 μs 低+560 μs 高。

NEC 遥控指令的数据格式:同步码(帧头)、地址码、地址反码、控制码、控制反码。同步码由一个 9 ms 的低电平和一个 4.5 ms 的高电平组成,地址码、地址反码、控制码、控制反码均是 8 位数据格式。按照低位在前、高位在后的顺序发送。引入反码是为了增加传输的可靠性(用于校验)。

本实验使用 PA8(TIMER1_CH1)作为输入捕获,等待来自遥控器的红外信号,如果接收到正确的红外信号则解码,并在 TFT-LCD 屏显示键码、键名及按键次数。

[实验设备]

(1) PC 计算机　　　　　　　　　　　1 台

(2) STM32F407 核心板　　　　　　　　1 块

(3) PEDISP2 接口板　　　　　　　　　1 块

(4) PESER 接口板　　　　　　　　　　1 块

(5) 红外遥控器　　　　　　　　　　　1 个

[实验电路]

红外遥控实验电路如图 8.17.1 所示。

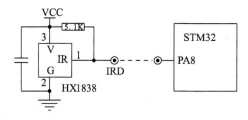

图 8.17.1 红外遥控实验电路

[实验步骤]

（1）在实验装置断电状态下，将 STM32F407 核心板、PEDISP2 接口板、PESER 接口板正确安装在底板上，并将 STM32F407 核心板 CPU 左下角的调试器选择开关拨至"内部"，再将下方的 BOOT0、BOOT1 开关拨至下方（从 Flash 启动，详见表 8.1.1 所列）。

（2）确保 STM32F407 核心板、PEDISP2 接口板、PESER 接口板左上角的电源开关拨至 ON 位置；PEDISP2 接口板 TFT-LCD 屏上方的液晶电源开关拨至 ON 位置；PESER 接口板右上角的高电平切换开关拨至右侧（3.3 V 位置）。

（3）打开实验装置工位下方的总开关（向上拨至 ON 位置），此时 STM32F407 核心板、PEDISP2 接口板、PESER 接口板左上角的红色电源指示灯点亮，表示设备已正常通电。

（4）红外接收电路：将核心板的 PA8 连接到 PESER 接口板红外单元的 IRD（见图 8.17.1）。

（5）TFT-LCD 液晶电路：用双排 12 芯短排线将 STM32F407 核心板左侧的 TFT-CTRL 连接到 PEDISP2 接口板右侧的 TFT-DATA 双排插座，用双排 16 芯短排线将 STM32F407 核心板左侧的 TFT-DATA 分别连接到 PEDISP2 接口板右侧的 TFT-DATA 双排插座。STM32F407 核心板的引脚定义如图 8.9.1 所示，DISP2 接口板的 TFT-LCD 单元电路如图 8.9.2 所示。

（6）运行 MDK 环境编写程序并编译生成代码，进入调试状态。

（7）全速运行程序，按遥控器任一按键，观察 TFT-LCD 屏显示的结果，是否与实验内容预期的结果一致。

实验 8.18　DS18B20 数字温度传感器

[实验目的]

学习单总线的读写控制方法，熟悉 DS18B20 数字温度传感器的 STM32 编程方法。

[实验内容]

DS18B20 是由 DALLAS 半导体公司推出的一种的 1-wire 单总线接口的温度传感器。与传统的热敏电阻等测温元件相比，DS18B20 的体积小、适用电压宽、接口简单的数字式温度传感器。单总线结构具有简洁且经济的特点，可使用户轻松地组建传感器网络，从而为测量系统的构建引入全新概念，测量温度范围为−55～+125 ℃，精度为±0.5 ℃。

现场温度直接以"单总线"的数字方式传输，大大提高了系统的抗干扰性。它能直接读出环境温度，并且可根据实际要求通过简单的编程实现 9~12 位的数字值读数方式。它工作在 3.0~5.5 V 的宽电压范围，采用多种封装形式，从而使系统设计灵活、方便，设定分辨率及用户设定的报警温度存储在 DS18B20 内部 EEPROM 中，掉电后依然保存。

DS18B20 内部 ROM 中的 64 位序列号是出厂前被光刻好的，它可以看作是该 DS18B20 的地址序列码，每个 DS18B20 的 64 位序列号都是唯一的。64 位 ROM 的排列：前 8 位是产品系列码，中间 48 位是 DS18B20 的序列号，后 8 位是前面 56 位的循环冗余校验码（CRC = X8+X5+X4+1）。ROM 作用是使每一个 DS18B20 都各不相同，这样就可实现在一条总线上挂接多个 DS18B20。

所有的单总线器件都要求采用严格的信号时序，以保证数据的完整性。DS18B20 共有 6 种信号类型：复位脉冲、应答脉冲、写 0、写 1、读 0 和读 1。所有这些信号，除了应答脉冲以外，都由主机发出同步信号，并且发送所有的命令和数据都是字节的低位在前。

本实验使用 PG9 与 DS18B20 进行单总线通信来读取温度。DS18B20 的典型温度读取过程：复位→发送 SKIP ROM 命令（0xCC）→发送开始转换命令（0x44）→延时→复位→发送 SKIP ROM 命令（0xCC）→发送读存储器命令（0xBE）→连续读出 2 个字节数据（即温度）→结束，并在 TFT-LCD 屏显示读到的温度值。

［实验设备］

（1）PC 计算机　　　　　　　　　　1 台

（2）STM32F407 核心板　　　　　　 1 块

（3）PEDISP2 接口板　　　　　　　 1 块

（4）PESER 接口板　　　　　　　　 1 块

［实验电路］

DS18B20 数字温度传感器实验电路如图 8.18.1 所示。

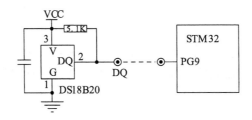

图 8.18.1　DS18B20 数字温度传感器实验电路

［实验步骤］

（1）在实验装置断电状态下，将 STM32F407 核心板、PEDISP2 接口板、PESER 接口板正确安装在底板上，并将 STM32F407 核心板 CPU 左下角的调试器选择开关拨至"内部"，再将下方的 BOOT0、BOOT1 开关拨至下方（从 Flash 启动，详见表 8.1.1 所列）。

（2）确保 STM32F407 核心板、PEDISP2 接口板、PESER 接口板左上角的电源开关拨至 ON 位置；PEDISP2 接口板 TFT-LCD 屏上方的液晶电源开关拨至 ON 位置；PESER 接口板右上角的高电平切换开关拨至右侧（3.3 V 位置）。

（3）打开实验装置工位下方的总开关（向上拨至 ON 位置），此时 STM32F407 核心板、PEDISP2 接口板、PESER 接口板左上角的红色电源指示灯点亮，表示设备已正常通电。

（4）DS18B20 电路：将核心板的 PG9 连接到 PESER 接口板温度单元的 DQ（见图 8.18.1）。

（5）TFT-LCD 液晶电路：用双排 12 芯短排线将 STM32F407 核心板左侧的 TFT-CTRL 连接到 PEDISP2 接口板右侧的 TFT-DATA 双排插座，用双排 16 芯短排线将 STM32F407 核心板左侧的 TFT-DATA 分别连接到 PEDISP2 接口板右侧的 TFT-DATA 双排插座。STM32F407 核心板的引脚定义如图 8.9.1 所示，DISP2 接口板的 TFT-LCD 单元电路如图 8.9.2 所示。

（6）运行 MDK 环境编写程序并编译生成代码，进入调试状态。

（7）全速运行程序，观察 TFT-LCD 屏，应显示 DS18B20 采集到的环境温度。

第9章 ARM Cortex-M4嵌入式系统实验开发创新

实验9.1 内存管理

[实验目的]

熟悉计算机系统中的动态内存管理技术，学习内存的申请和释放机制。

[实验内容]

上一个实验学习了外部 SRAM 的扩展，加上 STM32F407 内部 192 KB 容量的 SRAM，可供使用的内存还是比较多的，在内存使用较多的场合（如操作系统），通常不会申请固定大小的数组来使用，而是采用动态申请的方法（即需要多少就申请多少），目的是高效、快速的分配，不浪费宝贵的内存资源，并且在适当的时候释放和回收内存资源。内存管理的实现方法有很多种，但最终都是要使用 2 个函数：malloc（ ）和 free（ ）。malloc（ ）函数用于内存申请，free（ ）函数用于内存释放。

本实验介绍一种比较简单的办法来实现：分块式内存管理。该方法的实现原理如图 9.1.1 所示。

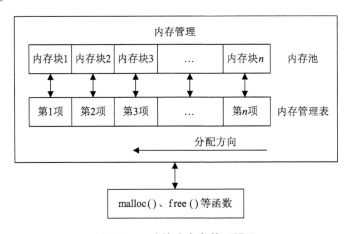

图 9.1.1 分块式内存管理原理

从图 9.1.1 可以看出，分块式内存管理由内存池和内存管理表两部分组成。内存池被等分为 n 块，对应的内存管理表，大小也为 n，内存管理表的每一个项对应内存池的一块内存。

内存管理表项值代表的意义：当该项值为 0 的时候，代表对应的内存块未被占用，当该项值不为 0 的时候，代表该项对应的内存块已经被占用，其数值则代表被连续占用的内存块数。比如某项值为 10，则说明包括本项对应的内存块在内，总共分配了 10 个内存块给外部的某个指针。

内寸分配方向如图 9.1.1 所示，是由顶到底的分配方向，即首先从最末端开始找可用内存。当内存管理刚初始化的时候，内存表全部清零，表示没有任何内存块被占用。

内存分配原理：当指针 p 调用 malloc( ) 申请内存的时候，先判断 p 要分配的内存块数（m），再从第 n 项开始向下查找，直到找到 m 块连续的空内存块（即对应内存管理表项为 0），将这 m 个内存管理表项的值都设置为 m（标记被占用），接着把最后的这个空内存块的地址返回指针 p，即完成一次分配。注意，当内存不够时（找到最后也没找到连续的 m 块空闲内存），则返回 NULL 给 p，表示分配失败。

内存释放原理：当 p 申请的内存用完，需要释放的时候，调用 free( ) 函数实现。free( ) 函数先判断 p 指向的内存地址所对应的内存块，然后找到对应的内存管理表项目，得到 p 所占用的内存块数目 m（内存管理表项目的值就是所分配内存块的数目），将这 m 个内存管理表项目的值都清零，标记为空，即完成一次内存释放。

在本实验显示提示信息后，等待按键的输入。KEY0 用于申请内存，每按 1 次 KEY0 申请 2 kb 内存空间；KEY1 将数据写入申请到的内存中；KEY2 用于释放内存；WKUP 用于切换操作内存区（内部 SRAM 内存、外部 SRAM 内存、内部 CCM 内存）。

[实验设备]

(1) PC 计算机　　　　　　　　　　　1 台
(2) STM32F407 核心板　　　　　　　　1 块
(3) PEDISP2 接口板　　　　　　　　　1 块

[实验电路]

内存管理实验电路如图 9.1.2 所示。

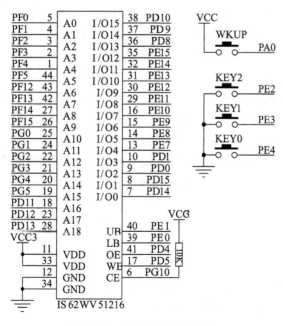

图 9.1.2　内存管理实验电路

[实验步骤]

（1）在实验装置断电状态下，将 STM32F407 核心板、PEDISP2 接口板正确安装在底板上，并将 STM32F407 核心板 CPU 左下角的调试器选择开关拨至"内部"，再将下方的 BOOT0、BOOT1 开关拨至下方（从 Flash 启动，详见表 8.1.1 所列）。

（2）确保 STM32F407 核心板左上角的电源开关、PEDISP2 接口板左上角的电源开关及其右侧 TFT-LCD 的电源开关拨至 ON 位置。

（3）打开实验装置工位下方的总开关（向上拨至 ON 位置），此时 STM32F407 核心板、PEDISP2 接口板左上角的红色电源指示灯点亮，表示设备已正常通电。

（4）本实验使用了 STM32F407 的内部 SRAM、内部 CCM 以及外部扩展的 SRAM，电路已在核心板上内部连接（见图 9.1.2）。

（5）TFT-LCD 液晶电路：用双排 12 芯短排线将 STM32F407 核心板左侧的 TFT-CTRL 连接到 PEDISP2 接口板右侧的 TFT-DATA 双排插座，用双排 16 芯短排线将 STM32F407 核心板左侧的 TFT-DATA 分别连接到 PEDISP2 接口板右侧的 TFT-DATA 双排插座。STM32F407 核心板的引脚定义如图 8.9.1 所示，DISP2 接口板的 TFT-LCD 单元电路如图 8.9.2 所示。

（6）运行 MDK 环境编写程序并编译生成代码，进入调试状态。

（7）全速运行程序，初始化时内部 SRAM、外部 SAM、内部 CCM 的使用率均为 0%，说明还没有任何内存被使用，此时按下 KEY0，就可以看到内部 SRAM 内存被使用了 2%，同时 TFT-LCD 显示了指针 p 所指向的地址（其实就是被分配到的内存地址）和内容。多按几次 KEY0，可以看到内存使用率持续上升（注意对比 p 的值，可以发现是递减的，说明是从顶部开始分配内存），此时如果按下 KEY2，可以发现内存使用率降低了 2%，但是再按 KEY2 将不再降低，说明发生"内存泄漏"。这就是实验内容中提到的对一个指针多次申请内存，而之前申请的内存又没释放，导致的"内存泄漏"。按 WKUP 按键，可以切换当前操作内存（内部 SRAM 内存、外部 SRAM 内存、内部 CCM 内存），KEY1 键用于更新 p 的内容，更新后的内容将重新显示在 TFT-LCD 模块上面。

（8）关于 CCM（Core Coupled Memory）的介绍：STM32F4 的 CCM 共 64 KB，是直接挂在内部数据总线上的，仅 CPU 可以访问，不能被其他组件访问（如 DMA 控制器），CPU 能以最大的系统时钟和最小的等待时间从 CCM 读取程序或数据，可将频繁读写的数据、中断服务函数放到 CCM 中，能加快程序的执行速度。

实验 9.2　RS485 通信

[实验目的]

学习如何使用 STM32F4 的串口 2 实现 RS485 通信（半双工），在 2 块核心板之间进行数据交换，并将结果显示在 TFT-LCD 模块上。

[实验内容]

RS485 的电气特性规定为 2 线制（也有 4 线制，现很少采用）、半双工、多点通信，和 RS232 不同的是，RS485 用缆线两端的电压差值来表示传递信号，其特点如下：

（1）接口电平低，不易损坏芯片：RS485 的逻辑"1"以两线间的电压差为+2～+6 V 表示，逻辑"0"以两线间的电压差为−2～−6 V 表示。接口信号电平比 RS232 降低了，不易损坏接口电路的芯片，且兼容 TTL 电平，方便与 TTL 电路连接。

（2）传输速率高：电缆为 10 m 时，RS485 的数据最高传输速率可达 35 Mbps，电缆为 1200 m 时，传输速度可达 100 kbps。

（3）抗干扰能力强：RS485 接口是采用平衡驱动器和差分接收器的组合，抗共模干扰能力增强，即抗噪声干扰性好。

（4）传输距离远、支持节点多：RS485 通信电缆最长可达 1 200 m 以上（速率 ≤ 100 kbps），一般最多支持 32 个节点，如果使用特制的 485 芯片，可以达到 128 个或者 256 个节点，最多的可以支持到 400 个节点。

RS485 推荐使用在点对点网络中，可以是线形、总线形网络，但不能是星形、环形网络。理想情况下 RS485 需要终端匹配电阻，其阻值要求等于传输电缆的特性阻抗（一般为 120 Ω），如果没有特性阻抗，当所有的设备都静止的时候就会产生噪声，而且线移需要双端的电压差；没有终端匹配电阻的话，较快速的发送端会产生多个数据信号的边缘，导致数据传输出错。RS485 推荐的连网方式如图 9.2.1 所示。

图 9.2.1　RS485 连接

在上面的连接中，如果需要添加匹配电阻，通常加在 RS485 总线的起止端，也就是主机和设备 n 各加 1 个 120 Ω 的匹配电阻。

由于 RS485 具有传输距离远、传输速度快、支持节点多和抗干扰能力更强等特点，所以 RS485 有很广泛的应用。

[实验设备]

（1）PC 计算机　　　　　　　　　　　1 台

（2）STM32F407 核心板　　　　　　　1 块

（3）PEDISP2 接口板　　　　　　　　1 块

[实验电路]

RS485 通信实验电路如图 9.2.2 所示。

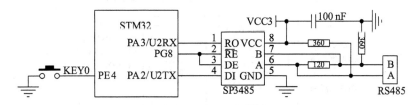

图 9.2.2　实验电路

[实验步骤]

（1）在实验装置断电状态下，将 STM32F407 核心板、PEDISP2 接口板正确安装在底板上，并将 STM32F407 核心板 CPU 左下角的调试器选择开关拨至"内部"，再将下方的 BOOT0、BOOT1 开关拨至下方（从 Flash 启动，详见表 8.1.1 所列）。

（2）确保 STM32F407 核心板左上角的电源开关、PEDISP2 接口板左上角的电源开关及其右侧的 TFT-LCD 的电源开关拨至 ON 位置。

（3）打开实验装置工位下方的总开关（向上拨至 ON 位置），此时 STM32F407 核心板、PEDISP2 接口板左上角的红色电源指示灯点亮，表示设备已正常通电。

（4）RS485 的电路已在核心板上内部连接（见图 9.2.2），由于本实验是双机通信，需使用 2 条导线将两块核心板 RS485 单元的 A、B 相连。

（5）TFT-LCD 液晶电路：用双排 12 芯短排线将 STM32F407 核心板左侧的 TFT-CTRL 连接到 PEDISP2 接口板右侧的 TFT-DATA 双排插座，用双排 16 芯短排线将 STM32F407 核心板左侧的 TFT-DATA 分别连接到 PEDISP2 接口板右侧的 TFT-DATA 双排插座。STM32F407 核心板的引脚定义如图 8.9.1 所示，DISP2 接口板的 TFT-LCD 单元电路如图 8.9.2 所示。

（6）运行 MDK 环境编写程序并编译生成代码，进入调试状态。

（7）在两块核心板上全速运行程序，按核心板①的 KEY0 发送数据，由核心板②接收；按核心板②的 KEY0 发送数据，由核心板①接收；所有发送、接收的数据均通过各自的 TFT-LCD 屏显示，用于判断 RS485 通信是否正确。

实验 9.3　SD 卡访问

[实验目的]

学习如何使用 STM32F4 自带的 SDIO 接口，读取 SD 卡容量、SD 卡类型、制造商 ID、卡相对地址及存储块大小，并读取 SD 卡 1 个扇区的数据。

[实验内容]

很多嵌入式系统都需要大容量存储设备以存放数据，常用的有 U 盘、FLASH 芯片、SD 卡等，它们各有优点，然而 SD 卡的开发成本低（很多处理器本身支持 SPI/SDIO 驱动），只需要少数几个 IO 口即可外扩 SD 卡，容量从几十 M 到几十 G 可选，体积小（标准的 SD 卡尺寸以及 TF 卡尺寸等），能满足不同的应用需求。

STM32F4 自带 SDIO 控制器，采用 4 位模式，最高可每秒传输 24 MB 数据，它包含 SDIO 适配器模块和 APB2 总线接口 2 个部分，其功能框图如图 9.3.1 所示。

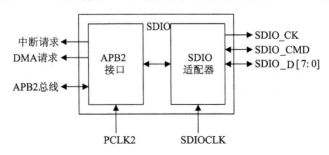

图 9.3.1　STM32F4 的 SDIO 控制器功能框图

STM32F4 复位后默认情况下 SDIO_D0 用于数据传输，经过初始化可改变数据总线的宽度（通过 ACMD6 命令设置）。如果一个 SD 卡接到了总线上，则 SDIO_D0、SDIO_D\[3:0\] 或 SDIO_D\[7:0\] 可以用于数据传输。MMC 版本 V3.31 和之前版本的协议只支持 1 位数据线，所以只能用 SDIO_D0，从程序的通用性考虑，在程序中只要检测到是 MMC 卡就设置为 1 位数据总线。

当 SD 卡接到了总线上，可以通过主机配置数据传输使用 SDIO_D0 或 SDIO_D\[3:0\]。所有的数据线都工作在推挽模式。

SDIO_ CMD 有两种操作模式：

（1）用于初始化时的开路模式（仅用于 MMC 版本 V3.31 或之前版本）；

（2）用于命令传输的推挽模式（SD/SDIO/MMC V4.2 在初始化时也使用推挽驱动）。

［实验设备］

（1）PC 计算机	1 台
（2）STM32F407 核心板	1 块
（3）PEDISP2 接口板	1 块
（4）SD 卡（请自行准备）	1 张

［实验电路］

SD 卡访问实验电路如图 9.3.2 所示。

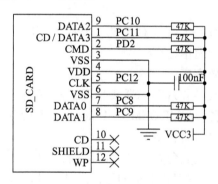

图 9.3.2　SD 卡访问实验电路

［实验步骤］

（1）在实验装置断电状态下，将 STM32F407 核心板、PEDISP2 接口板正确安装在底板上，并将 STM32F407 核心板 CPU 左下角的调试器选择开关拨至"内部"，再将下方的 BOOT0、BOOT1 开关拨至下方（从 Flash 启动，详见表 8.1.1 所列）。

（2）确保 STM32F407 核心板左上角的电源开关、PEDISP2 接口板左上角的电源开关及其右侧的 TFT-LCD 电源开关拨至 ON 位置。

（3）打开实验装置工位下方的总开关（向上拨至 ON 位置），此时 STM32F407 核心板、PEDISP2 接口板左上角的红色电源指示灯点亮，表示设备已正常通电。

（4）正确插入 SD 卡，SD 卡的扩展电路已在核心板上内部连接（见图 9.3.2）。

（5）TFT-LCD 液晶电路：用双排 12 芯短排线将 STM32F407 核心板左侧的 TFT-CTRL 连接到 PEDISP2 接口板右侧的 TFT-DATA 双排插座，用双排 16 芯短排线将

STM32F407 核心板左侧的 TFT-DATA 分别连接到 PEDISP2 接口板右侧的 TFT-DATA 双排插座。STM32F407 核心板的引脚定义如图 8.9.1 所示，DISP2 接口板的 TFT-LCD 单元电路如图 8.9.2 所示。

（6）运行 MDK 环境编写程序并编译生成代码，进入调试状态。

（7）全速运行程序，观察 TFT-LCD 屏显示，是否能够准确读出 SD 卡的相关信息。

实验 9.4　FATFS 文件系统

[实验目的]

实验 9.3 学习了 SD 卡的简单使用，然而要用好 SD 卡，必须使用文件系统管理，本实验将使用 FATFS 来管理 SD 卡，实现 SD 卡文件的基本功能。

[实验内容]

FATFS 是一个免费、开源、专为嵌入式系统设计的 FAT 文件系统模块，完全采用标准 C 语言编写，所以具有良好的硬件平台独立性，只需稍作修改即可移植到 8051、PIC、AVR、SH、Z80、H8、ARM 等平台。它支持 FATl2、FATl6 和 FAT32，支持多个存储媒介，有独立的缓冲区，可以对多个文件进行读写，并特别对 8/16 位单片机做了优化。

FATFS 的特点有：

（1）兼容 Windows 系统的 FAT 文件系统（支持 FAT12/FAT16/FAT32）；

（2）与平台无关，移植简单；

（3）代码量少、执行效率高；

（4）多种配置选项（支持物理驱动器或分区最多 10 个卷，多个 ANSI/OEM 代码页包括 DBCS，支持长文件名、ANSI/OEM 或 Unicode，支持 RTOS，支持多种扇区大小，只读、最小化的 API 和 I/O 缓冲区等）。

FATFS 的这些特点，加上其免费、开源的原则，使得 FATFS 应用非常广泛。FATFS 模块的层次结构如图 9.4.1 所示。

最顶层是应用层，用户无须理会 FATFS 的内部结构和复杂的 FAT 协议，只需要调用 FATFS 模块提供给用户的一系列 API 函数（如 f_open( )、f_read( )、f_write( ) 和 f_close( ) 等，就可以像在 PC 上编程读写文件那样简单。

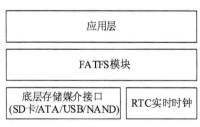

图 9.4.1　FATFS 层次结构图

中间层 FATFS 模块，实现了 FAT 文件读/写协议。FATFS 模块提供的是 ff. c 和 ff. h。除非有必要，用户一般不作修改，使用时将头文件直接添加到工程即可。

需要编写移植代码的是 FATFS 模块提供的底层接口，它包括存储媒介读写接口（DISK I/O）和供给文件创建修改时间的实时时钟。

FATFS 的源码可以在 http：// elm-chan. org/fsw/ff/00index_e. html 这个网站下载，下载后解压可以得到 doc 和 src 两个文件夹，doc 主要是对 FATFS 的介绍，而 src 才是我们

需要的源码，如表 9.4.1 所列。

表 9.4.1　FATFS 源码文件说明

文件名	文件说明	备注
ffconf. h	FATFS 模块配置文件	与平台无关
ff. h	FATFS 和应用模块公用的包含文件	
ff. c	FATFS 模块	
diskio. h	FATFS 和 DISK I/O 模块公用的包含文件	
interger. h	数据类型定义	
option \ * . c	可选的外部功能（比如支持中文等）	
diskio. c	FATFS 和 DISK I/O 模块接口层文件	与平台相关

在移植 FATFS 模块的时候，一般只需要修改 2 个文件，即 ffconf. h 和 diskio. c。FATFS 模块的所有配置项都是存放在 ffconf. h 里面，可以通过修改里面的一些选项来满足应用的需求。

本实验先在 TFT-LCD 模块显示 SD 卡或 SPI Flash 的总容量和剩余空间，等待 KEY0 按键的输入，KEY0 用于列出 SD 卡或 SPI Flash 根目录下的文件及文件夹（由于目前 TFT-LCD 还没有涉及汉字显示，所以带汉字的文件或文件夹无法显示，这是正常的，用户可发送至串口，在 PC 上用串口调试助手来查看）。

［实验设备］

（1）PC 计算机　　　　　　　　　　1 台
（2）STM32F407 核心板　　　　　　1 块
（3）PEDISP2 接口板　　　　　　　1 块
（4）SD 卡（请自行准备）　　　　　1 张

［实验步骤］

（1）在实验装置断电状态下，将 STM32F407 核心板、PEDISP2 接口板正确安装在底板上，并将 STM32F407 核心板 CPU 左下角的调试器选择开关拨至"内部"，再将下方的 BOOT0、BOOT1 开关拨至下方（从 Flash 启动，详见表 8.1.1 所列）。

（2）确保 STM32F407 核心板左上角的电源开关、PEDISP2 接口板左上角的电源开关及其右侧的 TFT-LCD 的电源开关拨至 ON 位置。

（3）打开实验装置工位下方的总开关（向上拨至 ON 位置），此时 STM32F407 核心板、PEDISP2 接口板左上角的红色电源指示灯点亮，表示设备已正常通电。

（4）本实验支持 SD 卡或 SPI FLASH 存储媒介的文件系统访问，正确插入 SD 卡，SD 卡的扩展电路（见图 9.3.2）和 SPI FLASH 的电路（见图 8.15.1）已在核心板上内部连接。

（5）TFT-LCD 液晶电路：用双排 12 芯短排线将 STM32F407 核心板左侧的 TFT-CTRL 连接到 PEDISP2 接口板右侧的 TFT-DATA 双排插座，用双排 16 芯短排线将 STM32F407 核心板左侧的 TFT-DATA 分别连接到 PEDISP2 接口板右侧的 TFT-DATA 双排插座。STM32F407 核心板的引脚定义如图 8.9.1 所示，DISP2 接口板的 TFT-LCD 单元电路如图 8.9.2 所示。

（6）运行 MDK 环境编写程序并编译生成代码，进入调试状态。

（7）全速运行程序，观察 TFT-LCD 屏，应显示 SD 卡或 SPI FLASH 的总容量及剩余空间，按动 KEY0 按键，应能列出根目录下的文件及文件夹。

实验 9.5 汉字显示

[实验目的]

学习如何生成字库以及如何通过 SD 卡向外部 Flash 更新字库，并使用 STM32F407 控制 TFT-LCD 显示汉字。

[实验内容]

常用的汉字内码系统有 GB 2312、GB 13000、GBK 及 BIG 5（繁体）等几种，其中 GB 2312 几千个常用汉字，若遇到生僻字则不能满足应用需求，而 GBK 内码不仅完全兼容 GB 2312，还支持了繁体字，总汉字数有 2 万多个，完全满足一般的应用需求。

本实验将制作 3 个 GBK 字库，制作好的字库先存放在 SD 卡，然后通过 SD 卡将字库文件复制到外部 FLASH（W25Q128），W25Q128 就相当于一个汉字字库芯片。

汉字在液晶上的显示原理与前面显示字符是一样的，所以要显示汉字，首先要知道汉字的点阵数据，这些数据可以由专门的软件生成。只要知道了一个汉字点阵的生成方法，那么在程序里面就可以把这个点阵数据解析成一个汉字。

若知道如何显示了一个汉字，即可推及整个汉字库。汉字在各种文件里面的存储不是以点阵数据的形式存储的，而是以内码的形式存储，即 GB 2312、GBK、BIG 5 等其中的一种，每个汉字对应着一个内码，在得到内码之后再去字库里面查找这个汉字的点阵数据，最终在 TFT-LCD 屏幕上显示。这个过程用户是不可见的，而是用计算机去执行。

因此，只要拥有整个汉字库的点阵，就可以把汉字文本信息用 TFT-LCD 显示。这里要解决的最大问题就是制作一个与汉字内码对应的汉字点阵库。每个 GBK 码由 2 个字节组成，第 1 个字节范围是 0x81～0xFE，第 2 个字节分为两部分，一是 0x40～0x7E，二是 0x80～0xFE。其中与 GB 2312 相同的区域，字完全相同。

将第一个字节代表的意义称为区，那么 GBK 里面总共有 126 个区（0xFE-0x81+1），每个区有 190 个汉字（0xFE-0x80+0x7E-0x40+2），总共是 23940 个汉字（126×190）。点阵库只要按照这个编码规则从 0x8140 开始逐一建立，每个区的点阵大小为每个汉字所用的字节数×190。这样就可以得到在这个字库里面定位汉字的方法：

当 GBKL<0x7F 时，Hp＝\[（GBKH-0x81）×190+GBKL-0x40\]×（size×2）；

当 GBKL>0x80 时，Hp＝\[（GBKH-0x81）×190+GBKL-0x41\]×（size×2）。

其中 GBKH、GBKL 分别代表 GBK 的第 1、第 2 个字节（也就是高位和低位），size 代表汉字字体的大小（比如 16 字体，12 字体等），Hp 则为对应汉字点阵数据在字库里面的起始地址（假设是从 0 开始存放）。

本实验要用到 FATFS 中的 cc936.c 以支持长文件名，但是 cc936.c 中的两个数组较大（170KB），若直接刷在 STM32F4 的内部 FLASH 太占空间，所以要把这两个数组存放在外部 Flash。cc936.c 包含 oem2uni\[\]和 uni2oem\[\]两个存放 UNICODE 和 GBK 的互相转换对照表的数组，数据量较大，利用一个 C 语言数组转 BIN（二进制）的工具将这两个数组转为 BIN 文件，首先复制这两个数组并粘贴到一个新的文本文件，假设为 UNIGBK.TXT，然后用 C2B 转换助手打开这个文本文件，单击转换，就可以在当前文件夹下（与文本文件同级路径）得到一个 UNIG-BK.BIN 的文件。只需要将 UNIG-BK.BIN 保存到外部 Flash 就实现了该数组的转移，如图 9.5.1 所示。

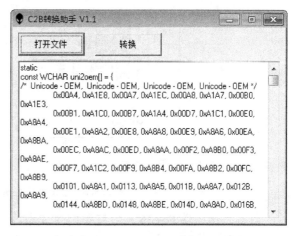

图 9.5.1　C2B 转换助手

　　关于汉字库的生成，要用点阵字库生成器。该软件可生成任意点阵大小的 ASCII、GB 2312（简体中文）、GBK（简体中文）、BIG 5（繁体中文）、HANGUL（韩文）、SJIS（日文）、Unicode 以及泰文、越南文、俄文、乌克兰文、拉丁文、8859 系列等共二十多种编码的字库，可生成二进制、BDF、图片格式，并支持横向、纵向等多种扫描方式，且扫描方式还可根据用户的需求进行增加。该软件的界面如图 9.5.2 所示。

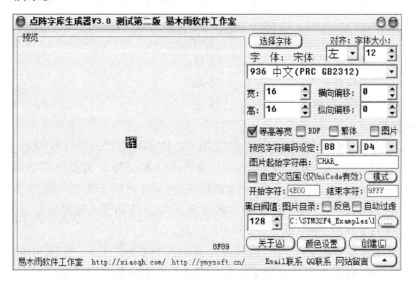

图 9.5.2　点阵字库生成器默认界面

　　若要生成 16×16 的 GBK 字库，则选择 936 中文 PRC GBK，字宽和高均选择 16，字体大小选择 12，然后模式选择纵向取模方式二（字节高位在前，低位在后），最后单击"创建"，就可以开始生成需要的字库（.DZK 文件）。具体设置如图 9.5.3 所示。

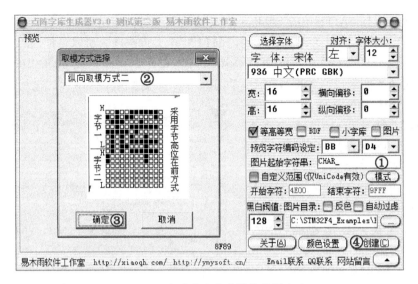

图 9.5.3 点阵字库生成器的设置方法

注意：电脑端的字体大小与我们生成点阵大小的关系为 $\text{fsize} = \text{dsize} \times 6 \div 8$ 。其中，fsize 是电脑端字体大小，dsize 是点阵大小（12、16、24 等），所以 16×16 点阵大小对应的是 12 字体。

字库生成以后，将字库文件名改为 GBK16.FON。用同样的方法，生成 12×12 的点阵库（GBK12.FON）和 24×24 的点阵库（GBK24.FON），总共生成 3 个字库。

另外，该软件还可以生成其他字体的字库，用户可以根据自己的需要按照上面的方法生成即可。该软件的详细介绍请看软件自带的点阵字库生成器使用说明书。

［实验设备］

(1) PC 计算机　　　　　　　　　　　　1 台

(2) STM32F407 核心板　　　　　　　　1 块

(3) PEDISP2 接口板　　　　　　　　　1 块

(4) SD 卡（请自行准备）　　　　　　　1 张

［实验步骤］

(1) 在实验装置断电状态下，将 STM32F407 核心板、PEDISP2 接口板正确安装在底板上，并将 STM32F407 核心板 CPU 左下角的调试器选择开关拨至"内部"，再将下方的 BOOT0、BOOT1 开关拨至下方（从 Flash 启动，详见表 8.1.1 所列）。

(2) 确保 STM32F407 核心板左上角的电源开关、PEDISP2 接口板左上角的电源开关及其右侧的 TFT-LCD 的电源开关拨至 ON 位置。

(3) 打开实验装置工位下方的总开关（向上拨至 ON 位置），此时 STM32F407 核心板、PEDISP2 接口板左上角的红色电源指示灯点亮，表示设备已正常通电。

(4) 本实验支持 SD 卡或 SPI FLASH 存储媒介的文件系统访问，将 SD 卡根目录文件复制到 SD 卡，并将 SD 卡插入核心板的卡槽，SD 卡的扩展电路（见图 9.3.2）和 SPI FLASH 的电路（图 8.15.1）已在核心板上内部连接。

(5) TFT-LCD 液晶电路：用双排 12 芯短排线将 STM32F407 核心板左侧的 TFT-

CTRL 连接到 PEDISP2 接口板右侧的 TFT-DATA 双排插座，用双排 16 芯短排线将 STM32F407 核心板左侧的 TFT-DATA 分别连接到 PEDISP2 接口板右侧的 TFT-DATA 双排插座。STM32F407 核心板的引脚定义如图 8.9.1 所示，DISP2 接口板的 TFT-LCD 单元电路如图 8.9.2 所示。

（6）运行 MDK 环境编写程序并编译生成代码，进入调试状态。

（7）全速运行程序，观察 TFT-LCD 屏，若直接显示汉字，是因为 STM32F407 核心板在出厂时已经刷入了汉字库；若需要更新汉字库，按 KEY0 即将 SD 卡内的字库更新到 SPI FLASH。

实验 9.6　T9 拼音输入法

[实验目的]

学习如何使用 STM32F4 实现一个简单的 T9 拼音输入法。

[实验内容]

在计算机上汉字的输入法有很多种，如拼音输入法、五笔输入法、笔画输入法、区位输入法等。其中，又以拼音输入法居多。拼音输入法又可以分为很多类，如全拼输入、双拼输入等。

手机上使用较多的是 T9 输入法。T9 输入法全名为智能输入法，字库容量九千多字，支持十多种语言。T9 输入法是由美国特捷通讯（Tegic Communications）软件公司开发的，该输入法解决了小型掌上设备的文字输入问题，已经成为全球手机文字输入法的标准之一。手机上常见的 T9 拼音输入键盘如图 9.6.1 所示。

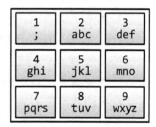

图 9.6.1　手机 T9 拼音输入法键盘

在这个键盘上，如果使用传统拼音输入法输入"中国"两个字，需要先按 4 次 9，输入字母 z，再按 2 次 4，输入字母 h，再按 3 次 6，输入字母 o，再按 2 次 6，输入字母 n，最后按 1 次 4，输入字母 g。这样，输入"中"字，要按键 12 次，接着用同样的方法，输入"国"字，需要按 6 次，总共 18 次按键。

如果使用 T9 拼音输入法，输入"中"字，只需要输入 9、4、6、6、4，即可实现输入"中"字，在选择"中"字之后，T9 会联想出一系列同中字组合的词，如文、国、断、山等。这样输入"国"字，直接选择即可，所以输入"国"字按键 0 次，这样 T9 总共只需要 5 次按键。

这就是 T9 智能输入法的优越之处，正因为 T9 输入法高效便捷的输入方式，使它得到了众多手机厂商的采用，因此 T9 成为使用频率最高、知名度最大的手机输入法。

本实验实现一个简单的 T9 拼音输入法，仅实现输入部分，不支持词组联想。

[实验设备]

（1）PC 计算机　　　　　　　　　1 台

（2）STM32F407 核心板　　　　　　1 块

（3）PEDISP2 接口板　　　　　　　　1 块

（4）SD 卡（请自行准备）　　　　　　1 张

［实验步骤］

（1）在实验装置断电状态下，将 STM32F407 核心板、PEDISP2 接口板正确安装在底板上，并将 STM32F407 核心板 CPU 左下角的调试器选择开关拨至"内部"，再将下方的 BOOT0、BOOT1 开关拨至下方（从 Flash 启动，详见表 8.1.1 所列）。

（2）确保 STM32F407 核心板左上角的电源开关、PEDISP2 接口板左上角的电源开关及其右侧的 TFT-LCD 的电源开关拨至 ON 位置。

（3）打开实验装置工位下方的总开关（向上拨至 ON 位置），此时 STM32F407 核心板、PEDISP2 接口板左上角的红色电源指示灯点亮，表示设备已正常通电。

（4）本实验支持 SD 卡或 SPI FLASH 存储媒介的文件系统访问，将 SD 卡根目录文件复制到 SD 卡，并将 SD 卡插入核心板的卡槽，SD 卡的扩展电路（见图 9.3.2）和 SPI FLASH 的电路（见图 8.15.1）已在核心板上内部连接。

（5）TFT-LCD 液晶电路：用双排 12 芯短排线将 STM32F407 核心板左侧的 TFT-CTRL 连接到 PEDISP2 接口板右侧的 TFT-DATA 双排插座，用双排 16 芯短排线将 STM32F407 核心板左侧的 TFT-DATA 分别连接到 PEDISP2 接口板右侧的 TFT-DATA 双排插座。STM32F407 核心板的引脚定义如图 8.9.1 所示，DISP2 接口板的 TFT-LCD 单元电路如图 8.9.2 所示。

（6）运行 MDK 环境编写程序并编译生成代码，进入调试状态。

（7）全速运行程序，用 TFT-LCD 显示的虚拟键盘输入拼音数字串，即可实现拼音输入，如果有多个匹配的情况（匹配值大于 1）则可以通过按 WKUP 和 KEY1 来选择拼音；按 KEY0 可以清除当前输入；按下 KEY2 可以进入触摸屏校准。

实验 9.7　USB U 盘（HOST）

［实验目的］

学习 STM32F407 的 USB HOST 应用，即通过 USB HOST 功能，实现读写 U 盘/读卡器等大容量 USB 存储设备。

［实验内容］

U 盘（USB Flash Disk），全称 USB 闪存盘，是由中国朗科公司发明的一种使用 USB 接口的无须物理驱动器的微型高容量移动存储产品，通过 USB 接口与主机连接，多种操作系统可直接支持，实现即插即用，是目前最常用的移动存储设备之一。

本例程由 ST 官方提供的 USB HOST 大容量存储设备（MSC）例程移植而来，结合 FATFS 文件系统，可实现对 U 盘的各种操作。本例程调用了列目录的函数，通过 TFT-LCD 显示 U 盘根目录的文件及文件夹。

［实验设备］

（1）PC 计算机　　　　　　　　　　1 台

（2）STM32F407 核心板　　　　　　　1 块

（3）PEDISP2 接口板　　　　　　　　1 块

（4）SD 卡（请自行准备）　　　　　　1 张

（5）U 盘（请自行准备）　　　　　　　1 个

[实验电路]

实验电路如图 9.7.1 所示。

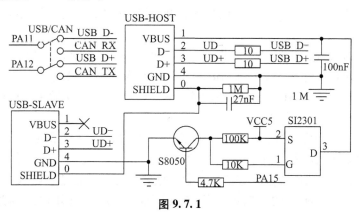

图 9.7.1

[实验步骤]

（1）在实验装置断电状态下，将 STM32F407 核心板、PEDISP2 接口板正确安装在底板上，并将 STM32F407 核心板 CPU 左下角的调试器选择开关拨至"内部"，再将下方的 BOOT0、BOOT1 开关拨至下方（从 Flash 启动，详见表 8.1.1 所列）。

（2）确保 STM32F407 核心板左上角的电源开关、PEDISP2 接口板左上角的电源开关及其右侧的 TFT-LCD 的电源开关拨至 ON 位置。

（3）打开实验装置工位下方的总开关（向上拨至 ON 位置），此时 STM32F407 核心板、PEDISP2 接口板左上角的红色电源指示灯点亮，表示设备已正常通电。

（4）USB 的电路已在核心板上内部连接（见图 9.7.1），因 PA11、PA12 是 USB 和CAN 的复用引脚，当用作 USB 时须将核心板右上角的 CAN/USB 切换开关拨至 USB 位置以使 PA11、PA12 与 USB-HOST、USB-SLAVE 接口相连（需要注意的是，USB-HOST和 USB-SLAVE 不可同时连接设备）。

（5）TFT-LCD 液晶电路：用双排 12 芯短排线将 STM32F407 核心板左侧的 TFT-CTRL 连接到 PEDISP2 接口板右侧的 TFT-DATA 双排插座，用双排 16 芯短排线将STM32F407 核心板左侧的 TFT-DATA 分别连接到 PEDISP2 接口板右侧的 TFT-DATA 双排插座。STM32F407 核心板的引脚定义如图 8.9.1 所示，DISP2 接口板的 TFT-LCD 单元电路如图 8.9.2 所示。

（6）运行 MDK 环境编写程序并编译生成代码，进入调试状态。

（7）全速运行程序，观察 TFT-LCD 显示，当 USB-HOST 未插入 U 盘时显示"设备连接中"；而当 USB-HOST 插入 U 盘时显示"设备连接成功！"，并显示 U 盘的总容量及剩余空间，随后显示 U 盘根目录的文件及文件夹。

实验 9.8 μC/OS-II 操作系统移植

[实验目的]

到目前为止，实验例程都是无操作系统支撑的裸机程序，本实验将向大家介绍 μC/OS-II（实时多任务操作系统内核）的移植，并讲述 μC/OS-II 的任务调度机制。

[实验内容]

μC/OS-II 的前身是 μC/OS（读作 Micro C OS），由 Micrium 公司提供，最早出自于 1992 年美国嵌入式系统专家 Jean J. Labrosse 在《嵌入式系统编程》杂志上刊登的文章，目前最新版本是 μC/OS-III，而广泛使用的仍是 μC/OS-II，本实验主要针对 μC/OS-II 进行介绍。

μC/OS-II 是一个可移植、可固化、可裁剪、占先式多任务实时操作系统内核，它适用于多种 CPU（已经移植到了超过 100 种以上、涵盖了从 8 位到 64 位的 CPU 系统）。同时，该操作系统源代码开放、整洁、一致，注释详尽，非常适合嵌入式系统，是和很多商业操作系统性能相当的实时操作系统（RTOS）。μC/OS-II 已经通过联邦航空局（FAA）商用航行器认证，符合航空无线电技术委员会（RTCA）DO-178B 标准。

μC/OS-II 的绝大部分代码是用 C 语言编写的，与 CPU 硬件相关的部分是用约 200 行的汇编语言编写的，为的是便于移植到任何一种 CPU 上。用户只要有 C 交叉编译器、汇编器、连接器，就可以将 μC/OS-II 移植到自己的产品中。μC/OS-II 具有执行效率高、占用空间小、实时性能优良和可扩展性强等特点，最小内核可编译至 2 KB。

μC/OS-II 源码非常适合嵌入式实时操作系统的初学者，其体系结构如图 9.8.1 所示。

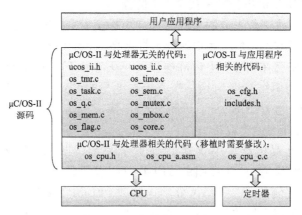

图 9.8.1 μC/OS-II 体系结构图

本实验例程使用的是 μC/OS-II 的最新版本 V2.91，与早期版本相比增加了软件定时器、支持最多 255 个任务等，并且修正了许多已知的 BUG。不过在图 9.8.1 中没有列出 os_dbg_r.c 和 os_dbg.c 这两个文件，也没有将其加入我们的工程中，这两个文件主要用于对 μC/OS-II 内核进行调试支持，平时很少用到。

从图 9.8.1 可以看出，μC/OS-II 的移植，只需要修改 os_cpu.h、os_cpu_a.asm 和 os_cpu.c 即可，其中 os_cpu.h 为数据类型的定义以及处理器相关代码和几个函数原型；

os_cpu_a. asm 是移植过程中需要汇编完成的一些函数, 主要是任务切换函数; os_cpu. c 定义一些用户 HOOK 函数。

图中定时器是为 μC/OS-II 提供系统时钟节拍, 实现任务切换和任务延时等功能。这个时钟节拍由 OS_TICKS_PER_SEC(在 os_cfg. h 中定义) 设置, 一般设置 μC/OS-II 的系统时钟节拍为 1 ~ 100 ms, 具体根据所用处理器和使用需要来设置。实验中利用 STM32F4 的 SYSTICK 定时器来提供 μC/OS-II 时钟节拍。

μC/OS-II 早期版本只支持 64 个任务, 从 V2. 80 版本开始支持任务数提高到 255 个, μC/OS-II 保留了最高 4 个优先级和最低 4 个优先级的总共 8 个任务用于拓展使用, 但实际上 μC/OS-II 一般只占用最低 2 个优先级, 分别用于空闲任务 (最低优先级) 和统计任务 (次低优先级), 所以剩下给用户使用的任务为 255−2 = 253 个 (V2. 91)。

所谓的任务, 通常是一个无限循环函数, 该函数实现一定的功能, 一个工程可以有很多这样的任务 (最多 255 个), μC/OS-II 对这些任务进行调度管理, 让这些任务可以并发工作 (并发是指每个任务轮流占用 CPU, 而不是同时占用, 任何时候只有 1 个任务能够占用 CPU), 这就是 μC/OS-II 最基本也是最重要的功能。μC/OS-II 任务的一般格式为:

```
void MyTask (void * pdata)
{
    //任务前的准备工作
    while (1)                          //无限循环
    {
        //任务 MyTask 实体代码
        OSTimeDlyHMSM (x, x, x, x);
                              //调用任务延时函数, 释放 CPU 控制权
    }
}
```

假如新建了 MyTask()和 YourTask()两个任务, 这两个任务无限循环中的延时为 1 秒。如果某个时刻, 任务 MyTask()正在执行, 当它执行到延时函数 OSTimeDlyHMSM() 的时候就释放 CPU 控制权, 这时任务 YourTask() 获得 CPU 控制权开始执行, 任务 YourTask()执行过程中, 也会调用延时函数延时 1 秒释放 CPU 控制权, 此时任务 MyTask()在 1 秒后重新获得 CPU 控制权, 继续执行无限循环中的任务实体代码。如此循环, 就是 2 个任务交替运行, 就如同 CPU 在同时做两件事情。如果有很多任务都在等待, 那么先执行哪个任务呢? 如果任务在执行过程中, 想停止之后去执行其他任务是否可行呢? 这里就涉及任务优先级以及任务状态、任务控制的一些知识, 后面会有所提及。

前面学习的所有实验都是一个大任务 (无限循环), 这样有些事情就不好处理了, 比如音乐播放器实验, 在播放音乐的时候还希望显示歌词, 如果是 1 个无限循环 (单任务), 那么很可能在显示歌词的时候音频出现停顿 (尤其是采样率高的时候), 这主要是歌词显示占用太长时间, 导致 IIS 数据无法及时填充而停顿, 而如果用 μC/OS-II 来处

理，那么就可以分 2 个任务：音乐播放是一个任务（优先级高），歌词显示是另一个任务（优先级低）。由于音乐播放任务的优先级高于歌词显示任务，音乐播放任务可以打断歌词显示任务，从而及时给 IIS 填充数据，保证音频不断，而显示歌词又能顺利进行。这就是使用 μC/OS-II 操作系统的好处。

这里有几个 μC/OS-II 相关的概念需要了解：任务优先级、任务堆栈、任务控制块、任务就绪表和任务调度器。

任务优先级：μC/OS 中，每个任务都有一个唯一的优先级。优先级是任务的唯一标识。在 μC/OS-II 中，优先级高（数值小）的任务比优先级低的任务具有对 CPU 的优先使用权，只有高优先级的任务让出 CPU 使用权（比如延时）时，低优先级的任务才能获得 CPU 使用权。

任务堆栈：内存中的连续存储空间。为了满足任务切换和响应中断时保存 CPU 寄存器中的内容以及任务调用其他函数时的需要，每个任务都有自己的堆栈。在创建任务的时候，任务堆栈是任务创建的一个重要入口参数。

任务控制块（OS_TCB）：用来记录任务堆栈指针，任务当前状态以及任务优先级等任务属性。μC/OS-II 的所有任务都是通过任务控制块来控制的，一旦创建了任务，任务控制块就会被赋值。每个任务管理块有 3 个最重要的参数：任务函数指针、任务堆栈指针、任务优先级。任务控制块就是任务在操作系统中的 ID（μC/OS-II 通过任务的优先级识别）。

任务就绪表：用来记录系统中所有处于就绪状态的任务。它是一个位图，系统中每个任务都在这个位图中占据 1 位，位的状态（1 或 0）表示任务是否处于就绪状态。

任务调度器：① 在任务就绪表中查找优先级最高的就绪任务；② 实现任务的切换。当一个任务释放 CPU 控制权后，进行一次任务调度，这个时候任务调度器首先要去任务就绪表查询优先级最高的就绪任务，查到后进行一次任务切换，转而去执行下一个任务。

μC/OS-II 的每个任务都是一个无限循环的动态过程，每个任务都处在 5 种状态之一：睡眠状态、就绪状态、运行状态、等待状态（等待某一事件发生）和中断服务状态。

睡眠状态：任务在没有被配备任务控制块或被剥夺了任务控制块时的状态。

就绪状态：系统为任务配备了任务控制块且在任务就绪表中进行了就绪登记，任务已经准备好了，但由于该任务的优先级比正在运行的任务优先级低，还暂时不能运行，这时任务的状态叫作就绪状态。

运行状态：该任务获得 CPU 使用权，并正在运行中，此时的任务状态叫作运行状态。

等待状态：正在运行的任务，需要等待一段时间或需要等待一个事件发生再运行时，该任务就会把 CPU 的使用权让给别的任务而使任务进入等待状态。

中断服务状态：一个正在运行的任务一旦响应中断申请就会中止运行而去执行中断服务程序，这时任务的状态叫作中断服务状态。

μC/OS-II 任务的 5 个状态转换关系如图 9.8.2 所示。

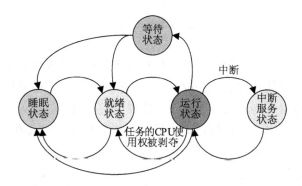

图 9.8.2　μC/OS-II 任务状态转换关系

(1) μC/OS-II 系统中与任务相关的函数

① 建立任务函数

如果想让 μC/OS-II 管理用户的任务，必须先建立任务。μC/OS-II 提供了 2 个建立任务的函数：OSTaskCreate( )、OSTaskCreateExt( )。函数 OSTaskCreateExt( ) 是 OSTaskCreate( ) 的扩展版本，提供一些附加功能。通常使用 OSTaskCreat( ) 函数创建任务，该函数原型为：

```
OSTaskCreate(void( * task)(void * pd),void * pdata,OS_STK * ptos,
INTU prio);
```

该函数包括 4 个参数：task 是指向任务代码的指针；pdata 是任务开始执行时，传递给任务的参数的指针；ptos 是分配给任务的堆栈的栈顶指针；prio 是分配给任务的优先级。

每个任务都有自己的堆栈，堆栈必须声明为 OS_ STK 类型，并且由连续的内存空间组成。堆栈空间可进行静态分配或动态分配。

② 任务删除函数

任务的删除，其实是把任务置于睡眠状态，使任务不再占用 CPU，并不是删除任务代码。μC/OS-II 提供的任务删除函数原型为：

```
INT8U OSTaskDel( INT8U prio);
```

参数 prio 为要删除的任务的优先级，该函数是通过任务优先级来实现任务删除的。

特别注意：若要删除 1 个任务，必须确保该任务的资源被释放后才可删除。

③ 请求任务删除函数

前面提到，必须确保被删除任务的资源被释放的前提下才能将其删除，所以通过向被删除任务发送删除请求，来实现任务释放自身占用资源后再删除。μC/OS-II 提供的请求删除任务函数原型为：

```
INT8U OSTaskDelReq( INT8U prio);
```

同样还是通过优先级来确定被请求删除任务。

④ 改变任务的优先级函数

μC/OS-II 在建立任务时，会分配给任务一个优先级，但是这个优先级并不是一成不变的，而是可以通过调用 μC/OS-II 提供的 OSTaskChangePrio( ) 函数修改，函数原型为：

INT8U OSTaskChangePrio(INT8U oldprio,INT8U newprio);

⑤ 任务挂起函数

任务挂起和任务删除虽有相似之处，却有本质区别。任务挂起是将被挂起任务的就绪标志删除，并做任务挂起记录，并没有将任务控制块链表里面删除，也不需要释放其资源；而任务删除则必须先释放被删除任务的资源，并删除该任务的任务控制块。被挂起的任务，在恢复后可以继续运行。μC/OS-II 提供的任务挂起函数原型为：

INT8U OSTaskSuspend(INT8U prio);

⑥ 任务恢复函数

有任务挂起函数，就有任务恢复函数，通过该函数将被挂起的任务恢复，让调度器能够重新调度该函数。μC/OS-II 提供的任务恢复函数原型为：

INT8U OSTaskResume(INT8U prio);

⑦ 任务信息查询函数

在应用程序中经常要了解任务信息，查询任务信息函数原型为：

INT8U OSTaskQuery(INT8U prio,OS_TCB *pdata);

这个函数获得的是对应任务的任务控制块（OS_TCB）中内容的拷贝。

从以上函数可以看出，对于每个任务，有一个非常关键的参数就是任务优先级 prio。在 μC/OS-II 中，任务优先级是任务的唯一标识。

（2）将 μC/OS-II 移植到 STM32F4 的步骤

① 编写任务函数并设置其堆栈大小和优先级等参数

编写任务函数，以便 μC/OS-II 调用。

设置函数堆栈大小，这个需要根据函数的需求来设置，如果任务函数的局部变量多，嵌套层数多，那么相应的堆栈就得大一些；如果堆栈设置小了，很可能出现的结果就是 CPU 进入 HardFault，遇到这种情况，就必须把堆栈设置大一点。另外，有些地方还需要注意堆栈字节对齐的问题，如果任务运行出现莫名其妙的错误（比如用到 sprintf( )出错），需考虑是不是字节对齐的问题。

设置任务优先级，需要根据任务的重要性和实时性设置。值得注意的是，高优先级的任务有优先使用 CPU 的权利。

② 初始化 μC/OS-II 并创建任务

调用 OSInit( )函数，初始化 μC/OS-II，通过调用 OSTaskCreate( )函数创建任务。

③ 启动 μC/OS-II

调用 OSStart( )函数，启动 μC/OS-II。

通过以上 3 个步骤，μC/OS-II 就可以在 STM32F4 上运行了。这里还需要注意，必须对 os_cfg.h 进行部分配置，以满足用户需要。

（3）硬件设计

本实验在 μC/OS-II 里创建 3 个任务：开始任务、LED0 任务和 LED1 任务。开始任务用于创建其他任务（LED0 和 LED1），完成后挂起；LED0 任务用于循环控制发光二极管 LED0 的亮灭（点亮 100 ms、熄灭 100 ms）；LED1 任务用于循环控制发光二极管 LED1 的亮灭（点亮 1000 ms、熄灭 1000 ms）。

（4）软件设计

新建工程，在工程路径下新建 UCOSII 文件夹，并在 UCOSII 文件夹下再建 3 个子文件夹 CORE、PORT 和 CONFIG 用于存放 μC/OS-II 源码；在工程中新建 UCOSII-CORE、UCOSII-PORT 和 UCOSII-CONFIG 三个分组，分别添加 UCOSII 文件夹中的 3 个子文件夹下的源码，并将这 3 个文件夹加入头文件包含路径，最后得到工程如图 9.8.3 所示。

UCOSII-CORE 分组下面是 μC/OS-II 的核心源码，不需要做任何变动。

UCOSII-PORT 分组下面是移植 μC/OS-II 要修改的 3 个代码，这个在移植的时候完成。

UCOSII-CONFIG 分组下面是 μC/OS-II 的配置部分，主要由用户根据自己的需要对 μC/OS-II 进行裁剪或其他设置。

对 os_cfg.h 中定义的 OS_TICKS_PER_SEC 的值设为 200，也就是设置 μC/OS-II 的时钟节拍为 5 ms，同时设置 OS_MAX_TASKS 为 10，也就是最多 10 个任务（包括空闲任务和统计任务在内）。

需要在 sys.h 中设置 SYSTEM_SUPPORT_OS 为 1 以支持 μC/OS-II，通过这个设置，不仅可以实现利用 delay_init() 来初始化 SYSTICK，产生 μC/OS-II 的

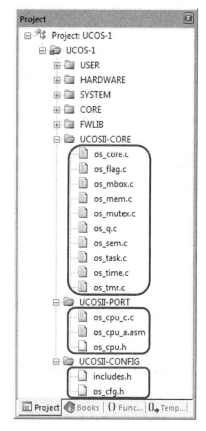

图 9.8.3　添加 μC/os-II 源码后的工程

系统时钟节拍，还可以让 delay_us() 和 delay_ms() 函数在 μC/OS-II 下能够正常使用，这使得之前的实验程序代码可以很方便地移植到 μC/OS-II 下。虽然 μC/OS-II 也提供了 OSTimeDly() 和 OSTimeDLyHMSM() 延时函数，但这两个函数的最少延时单位只能是 1 个 μC/OS-II 时钟节拍（本章即 5 ms），不能实现微秒级的延时，而微秒级的延时在很多时候非常有用：比如 IIC 模拟时序、DS18B20 等单总线器件操作等。而通过我们提供的 delay_us() 和 delay_ms() 则可以方便地提供微秒级和毫秒级的延时，这比 μC/OS-II 本身提供的延时函数更好用。

在设置 SYSTEM_SUPPORT_OS 为 1 之后，μC/OS-II 的时钟节拍由 SYSTICK 的中断服务函数提供，该部分代码如下：

```
//systick 中断服务函数,使用 ucos 时用到
void SysTick_Handler(void)
{
    OSIntEnter();           //进入中断
    OSTimeTick();           //调用 ucos 的时钟服务程序
    OSIntExit();            //触发任务切换软中断
}
```

以上代码中 OSIntEnter ( ) 是进入中断服务的函数,用来记录中断嵌套层数 (OSIntNesting 加 1); OSTimeTick ( ) 是系统时钟节拍服务函数,在每个时钟节拍了解每个任务的延时状态,使已经到达延时时限的非挂起任务进入就绪状态; OSIntExit ( ) 是退出中断服务函数,该函数可能触发一次任务切换(当 OSIntNesting 为 0、调度器未上锁,且就绪表最高优先级任务不等于被中断的任务优先级时),否则继续返回原来的任务执行代码(如果 OSIntNesting 不为 0 时,则减 1)。

事实上,任何中断服务函数都应该加上 OSIntEnter ( ) 和 OSIntExit ( ) 函数,这是因为 μC/OS-II 是一个可剥夺型的内核,中断服务子程序运行之后,系统会根据情况进行一次任务调度去运行优先级别最高的就绪任务,而并不一定接着运行被中断的任务。

最后,打开 main.c,输入如下代码:

```
// // // // //UCOSII 任务设置 // // // // //
//START 任务
#define START_TASK_PRIO10                          //设置任务优先级
#define START_STK_SIZE64                           //设置任务堆栈大小
OS_STK START_TASK_STK \[ START_STK_SIZE \];         //任务堆栈
void start_task(void *pdata);                      //任务函数
//LED0 任务
#define LED0_TASK_PRIO7                            //设置任务优先级
#define LED0_STK_SIZE64                            //设置任务堆栈大小
OS_STK LED0_TASK_STK \[LED0_STK_SIZE \];            //任务堆栈
void led0_task(void *pdata);                       //任务函数
//LED1 任务
#define LED1_TASK_PRIO6                            //设置任务优先级
#define LED1_STK_SIZE64                            //设置任务堆栈大小
OS_STK LED1_TASK_STK \[LED1_STK_SIZE \];            //任务堆栈
void led1_task(void *pdata);                       //任务函数

int main(void)
{
    delay_init(168);                              //初始化延时函数
    LED_Init();                                   //初始化 LED 时钟
    OSInit();                                     //初始化 UCOSII
    OSTaskCreate(
        start_task,
        (void *)0,
        (OS_STK *)&START_TASK_STK \[ START_STK_SIZE-1 \],
        START_TASK_PRIO
    );                                            //创建起始任务
```

```
    OSStart();                              //启动 UCOSII
}


//开始任务
void start_task(void *pdata)
{
    OS_CPU_SR cpu_sr = 0;
    pdata = pdata;
    OS_ENTER_CRITICAL();                    //进入临界区(无法被中断打断)
    OSTaskCreate(
        led0_task,
        (void *)0,
        (OS_STK *)&LED0_TASK_STK\[LED0_STK_SIZE-1\],
        LED0_TASK_PRIO
    );
    OSTaskCreate(
        led1_task,
        (void *)0,
        (OS_STK *)&LED1_TASK_STK\[LED1_STK_SIZE-1\],
        LED1_TASK_PRIO
    );
    OSTaskSuspend(START_TASK_PRIO);     //挂起起始任务
    OS_EXIT_CRITICAL();                     //退出临界区(可以被中断打断)
}


//LED0 任务
void led0_task(void *pdata)
{
    while(1)
    {
        LED0 = 0;delay_ms(100);
        LED0 = 1;delay_ms(100);
    }
}


//LED1 任务
void led1_task(void *pdata)
{
```

```
while(1)
{
    LED1 = 0;delay_ms(1000);
    LED1 = 1;delay_ms(1000);
}
}
```

可以看到，在创建 start_task( ) 之前首先调用 μC/OS-II 初始化函数 OSInit( )，该函数用来初始化 μC/OS-II 的所有变量和数据结构，该函数必须在调用其他任何 μC/OS-II 函数之前调用。在 start_task( ) 创建之后，调用 μC/OS-II 多任务启动函数 OSStart( )，调用这个函数之后，任务才真正开始运行。该部分代码创建了 3 个任务——start_task( )、led0_task( ) 和 led1_task( )，优先级分别是 10、7 和 6，堆栈大小都是 64（注意 OS_ STK 为 32 位数据）。在 main( ) 函数只创建了 start_task( ) 一个任务，然后在 start_task( ) 中再创建另外 2 个任务，在创建之后将自身挂起。这里，单独创建 start_task( )，是为了提供一个单一任务，实现应用程序开始运行之前的准备工作（比如：外设初始化、创建信号量、创建邮箱、创建消息队列、创建信号量集、创建任务、初始化统计任务等）。

在应用程序中经常有一些代码段必须不受任何干扰地连续运行，这样的代码段叫作临界段（或临界区）。因此，为了使临界段在运行时不受中断，在临界段代码前必须用关中断指令使 CPU 屏蔽中断请求，而在临界段代码后必须用开中断指令解除屏蔽使得 CPU 响应中断请求。μC/OS-II 提供 OS_ENTER_CRITICAL 和 OS_EXIT_CRITICAL 两个宏来实现，这两个宏需要在移植 μC/OS-II 的时候实现，本章采用方法 3（即 OS_CRITICAL_ METHOD 为 3）来实现这两个宏。因为临界段代码不能被中断打断，否则将严重影响系统的实时性，所以临界段代码越短越好。

在 start_task( ) 任务中，在创建 led0_task( ) 和 led1_task( ) 的时候，不希望被中断打断，故使用了临界区。注意，这里使用的延时函数是 delay_ms( )，而不是直接使用 μC/ OS-II 的 OSTimeDly( )。

通常一个任务中必须有延时函数以释放 CPU 使用权，否则可能导致低优先级的任务因高优先级的任务不释放 CPU 使用权而一直无法得到 CPU 使用权，从而无法运行。

[实验设备]
(1) PC 计算机   1 台
(2) STM32F407 核心板   1 块

[实验步骤]
(1) 在实验装置断电状态下，将 STM32F407 核心板正确安装在底板上，并将 STM32F407 嵌入式核心板 CPU 左下角的调试器选择开关拨至"内部"，再将下方的 BOOT0、BOOT1 开关拨至下方（从 FLASH 启动，详见表 8.1.1 所列）。

(2) 确保 STM32F407 核心板左上角的电源开关拨至右侧（ON 位置）。

(3) 特别说明：核心板左侧的双排插座为接口扩展及二次开发使用，与 GPIO 相连，若核心板通电而所连的外设没有通电时，会拉低 GPIO 的电平，增加功耗，干扰 STM32 的正常运行，所以实验时须先拆除核心板与外设的连线后再进行实验；若不便拆除连线，请给所连的外设供电。例如，本实验没有用到 PEDISP2 接口板，若此时 PE-DISP2 接口板与核心板有电缆连接，请拆除所连的电缆，或打开 PEDISP2 接口板上左上角的电源开关及其右侧的 TFT-LCD 的电源开关。

（4）打开实验装置工位下方的总开关（向上拨至 ON 位置），此时 STM32F407 核心板左上角的红色电源指示灯点亮，表示设备已正常通电。

（5）运行 MDK 环境编写程序并编译生成代码，进入调试状态。

（6）全速运行程序，在 µC/OS-II 中创建 2 个任务，使用 LED0、LED2 发光二极管作为 2 个任务的状态显示，LED0 每隔 100 ms 发生一次跳变，LED1 每隔 1000 ms 发生一次跳变，表示 2 个任务正在交替运行。

第 4 篇

实验参考程序

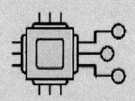

第 **10** 章　　**Cyclone IV 系列 FPGA 部分实验参考程序**

10.1　半加器设计实验

```
-- Project: FPGA_Example\Ex02_HalfAdder
LIBRARY IEEE;
USE IEEE.STD_LOGIC_1164.ALL;

ENTITY half_adder IS
    PORT (
        A, B: INSTD_LOGIC;
        S, CO: OUTSTD_LOGIC
    );
END half_adder;

ARCHITECTURE half1 OF half_adder IS
    SIGNAL C, D : STD_LOGIC;
BEGIN
    C  <= A OR B;
    D  <= A NAND B;
    CO <= NOT D;
    S  <= C AND D;
END half1;
```

10.2　向量乘法器的设计实验

```
-- Project: FPGA_Example\Ex06_4bitMux
LIBRARY IEEE;
USE IEEE.STD_LOGIC_1164.ALL;
USE IEEE.STD_LOGIC_UNSIGNED.ALL;

ENTITY MUX4 IS
    PORT(
        A, B: INSTD_LOGIC_VECTOR(3 DOWNTO 0);
```

```
        C: OUTSTD_LOGIC_VECTOR(7 DOWNTO 0)
    );
END MUX4;


ARCHITECTURE A OF MUX4 IS
BEGIN
    C <= A * B;
END A;
```

10.3 数据比较器的设计实验

```
-- Project: FPGA_Example\Ex07_Comp
LIBRARY IEEE;
USE IEEE.STD_LOGIC_1164.ALL;


ENTITY COMP IS
    PORT(
        A   : INSTD_LOGIC_VECTOR(3 DOWNTO 0);
        B   : INSTD_LOGIC_VECTOR(3 DOWNTO 0);
        AGTB: OUTSTD_LOGIC;
        ALTB: OUTSTD_LOGIC;
        AEQB: OUTSTD_LOGIC
    );
END COMP;


ARCHITECTURE ARCH OF COMP IS
BEGIN
    PROCESS(A, B)
    BEGIN
        IF A > B THEN
            AGTB <= '0';
            AEQB <= '1';
            ALTB <= '1';
        ELSIF A = B THEN
            AGTB <= '1';
            AEQB <= '0';
            ALTB <= '1';
        ELSE
```

```
            AGTB <= '1';
            AEQB <= '1';
            ALTB <= '0';
        END IF;
    END PROCESS;
END ARCH;
```

10.4　多路数据选择器设计实验

```
-- Project：FPGA_Example\Ex08_Selc
LIBRARY IEEE;
USE IEEE.STD_LOGIC_1164.ALL;
USE IEEE.STD_LOGIC_ARITH.ALL;
USE IEEE.STD_LOGIC_UNSIGNED.ALL;

ENTITY SELC IS
    PORT(
        DATA：INSTD_LOGIC_VECTOR( 3 DOWNTO 0 );
        SEL：INSTD_LOGIC_VECTOR( 1 DOWNTO 0 );
        Z：OUTSTD_LOGIC
    );
END SELC;

ARCHITECTURE CONC_BEHAVE OF SELC IS
BEGIN
    Z <=DATA( 0 ) WHEN SEL = "00" ELSE
        DATA( 1 ) WHEN SEL = "01" ELSE
        DATA( 2 ) WHEN SEL = "10" ELSE
        DATA( 3 ) WHEN SEL = "11" ELSE
        '0';
END CONC_BEHAVE ;
```

10.5　编码器设计实验

```
-- Project：FPGA_Example\Ex09_Encoder
LIBRARY IEEE;
USE IEEE.STD_LOGIC_1164.ALL;
```

```
ENTITY ENCODE IS
    PORT(
        D : IN STD_LOGIC_VECTOR( 7 DOWNTO 0 );
        EI : IN STD_LOGIC;
        A0, A1, A2, GS, EO : OUT STD_LOGIC
    );
END ENCODE;

ARCHITECTURE A OF ENCODE IS
    SIGNAL Q : STD_LOGIC_VECTOR( 2 DOWNTO 0 );
BEGIN
    A0 <= Q( 0 );
    A1 <= Q( 1 );
    A2 <= Q( 2 );

    PROCESS( D )
    BEGIN
        IF EI = '1' THEN
            Q  <= "111";
            GS <= '1';
            EO <= '1';
        ELSIF D = "11111111" THEN
            Q  <= "111";
            GS <= '1';
            EO <= '0';
        ELSIF D( 7 ) = '0' THEN
            Q  <= "000";
            GS <= '0';
            EO <= '1';
        ELSIF D( 6 ) = '0' THEN
            Q  <= "001";
            GS <= '0';
            EO <= '1';
        ELSIF D( 5 ) = '0' THEN
            Q  <= "010";
            GS <= '0';
            EO <= '1';
        ELSIF D( 4 ) = '0' THEN
```

```vhdl
            Q  <= "011";
            GS <= '0';
            EO <= '1';
        ELSIF D(3) = '0' THEN
            Q  <= "100";
            GS <= '0';
            EO <= '1';
        ELSIF D(2) = '0' THEN
            Q  <= "101";
            GS <= '0';
            EO <= '1';
        ELSIF D(1) = '0' THEN
            Q  <= "110";
            GS <= '0';
            EO <= '1';
        ELSIF D(0) = '0' THEN
            Q  <= "111";
            GS <= '0';
            EO <= '1';
        END IF;
    END PROCESS;
END A;
```

10.6　BCD 码转换成二进制码设计实验

```vhdl
-- Project：FPGA_Example\Ex12_BCD2BIN
LIBRARY IEEE;
USE IEEE.STD_LOGIC_1164.ALL;
USE IEEE.STD_LOGIC_UNSIGNED.ALL;

ENTITY BCD2BIN IS
    PORT(
        BCD_IN  : IN  STD_LOGIC_VECTOR(4 DOWNTO 0);
        BIN_OUT : OUT STD_LOGIC_VECTOR(3 DOWNTO 0)
    );
END BCD2BIN;

ARCHITECTURE A OF BCD2BIN IS
```

```
        SIGNAL LED_OUT: STD_LOGIC_VECTOR(3 DOWNTO 0);
BEGIN
    LED_OUT <= "0000" WHEN BCD_IN = "00000" ELSE
               "0001" WHEN BCD_IN = "00001" ELSE
               "0010" WHEN BCD_IN = "00010" ELSE
               "0011" WHEN BCD_IN = "00011" ELSE
               "0100" WHEN BCD_IN = "00100" ELSE
               "0101" WHEN BCD_IN = "00101" ELSE
               "0110" WHEN BCD_IN = "00110" ELSE
               "0111" WHEN BCD_IN = "00111" ELSE
               "1000" WHEN BCD_IN = "01000" ELSE
               "1001" WHEN BCD_IN = "01001" ELSE
               "1010" WHEN BCD_IN = "10000" ELSE
               "1011" WHEN BCD_IN = "10001" ELSE
               "1100" WHEN BCD_IN = "10010" ELSE
               "1101" WHEN BCD_IN = "10011" ELSE
               "1110" WHEN BCD_IN = "10100" ELSE
               "1111" WHEN BCD_IN = "10101" ELSE
               "0000";
    BIN_OUT <= NOT LED_OUT;          //取反输出码,以便用 LED 观察:1 点亮
END A;
```

10.7　组合逻辑电路设计实验

（1）组合与/或门电路（FPGA_Example\Ex14_ComLogic\T1）

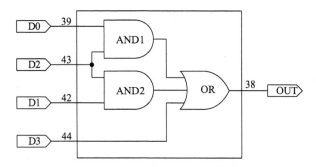

（2）组合异或门电路（FPGA_Example\Ex14_ComLogic\T2）

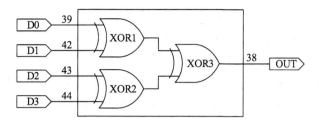

（3）组合与/非门电路（FPGA_Example\Ex14_ComLogic\T3）

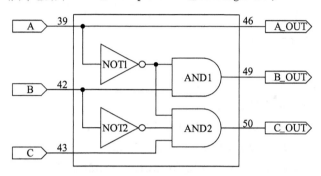

10.8　简单状态机设计实验

-- Project：FPGA_Example\Ex15_StateMachine

```vhdl
LIBRARY IEEE;
USE IEEE.STD_LOGIC_1164.ALL;
USE IEEE.STD_LOGIC_ARITH.ALL;
USE IEEE.STD_LOGIC_UNSIGNED.ALL;

ENTITY STATE_MACHINE IS
    PORT(
        CLK     : IN  STD_LOGIC;                      //时钟
        RST     : IN  STD_LOGIC;                      //复位
        LED_SEG : OUT STD_LOGIC_VECTOR(7 DOWNTO 0)    //LED 段控制
    );
END STATE_MACHINE;

ARCHITECTURE ARCH OF STATE_MACHINE IS
    CONSTANT STATE0 : STD_LOGIC_VECTOR(2  DOWNTO 0) := "000";
    CONSTANT STATE1 : STD_LOGIC_VECTOR(2  DOWNTO 0) := "001";
    CONSTANT STATE2 : STD_LOGIC_VECTOR(2  DOWNTO 0) := "010";
    CONSTANT STATE3 : STD_LOGIC_VECTOR(2  DOWNTO 0) := "011";
    CONSTANT STATE4 : STD_LOGIC_VECTOR(2  DOWNTO 0) := "100";
```

```vhdl
        CONSTANT STATE5 : STD_LOGIC_VECTOR(2  DOWNTO 0) := "101";
        CONSTANT STATE6 : STD_LOGIC_VECTOR(2  DOWNTO 0) := "110";
        CONSTANT STATE7 : STD_LOGIC_VECTOR(2  DOWNTO 0) := "111";
        SIGNAL   STATE  : STD_LOGIC_VECTOR(2  DOWNTO 0);
        SIGNAL   CNT    : STD_LOGIC_VECTOR(22 DOWNTO 0);

    BEGIN

        PROCESS(CLK, RST)
        BEGIN
            IF(NOT RST = '1') THEN
            STATE <= STATE0;
            CNT <= "00000000000000000000000";
        ELSIF(CLK'EVENT AND CLK = '1') THEN
            CNT <= CNT + "00000000000000000000001";
            IF (CNT = "11111111111111111111111") THEN
                CASE STATE IS
                    WHEN STATE0 => STATE <= STATE1;
                    WHEN STATE1 => STATE <= STATE2;
                    WHEN STATE2 => STATE <= STATE3;
                    WHEN STATE3 => STATE <= STATE4;
                    WHEN STATE4 => STATE <= STATE5;
                    WHEN STATE5 => STATE <= STATE6;
                    WHEN STATE6 => STATE <= STATE7;
                    WHEN STATE7 => STATE <= STATE0;
                    WHEN OTHERS => NULL;
                END CASE;
            END IF;
        END IF;
    END PROCESS;

    PROCESS(STATE)
    BEGIN
        CASE STATE IS
            WHEN STATE0 => LED_SEG <= "11000000";
            WHEN STATE1 => LED_SEG <= "11111001";
            WHEN STATE2 => LED_SEG <= "10100100";
            WHEN STATE3 => LED_SEG <= "10110000";
```

```
            WHEN STATE4 => LED_SEG <= "10011001";
            WHEN STATE5 => LED_SEG <= "10010010";
            WHEN STATE6 => LED_SEG <= "10000010";
            WHEN STATE7 => LED_SEG <= "11111000";
            WHEN OTHERS => NULL;
        END CASE;
    END PROCESS;

END ARCH;
```

10.9　串入并出移位寄存器设计实验

```
-- Project：FPGA_Example\Ex16_S2P
LIBRARY IEEE;
USE IEEE.STD_LOGIC_1164.ALL;
USE IEEE.STD_LOGIC_ARITH.ALL;
USE IEEE.STD_LOGIC_UNSIGNED.ALL;

ENTITY SIPO IS
    PORT(
        D_IN   : IN  STD_LOGIC;                  //串行数据输入
        CLK    : IN  STD_LOGIC;                  //同步时钟输入
        EN     : IN  STD_LOGIC;                  //串并转换使能信号,高电平有效
        D_OUT  : OUT STD_LOGIC_VECTOR(3 DOWNTO 0)   //4 位并行数据输出
    );
END SIPO;

ARCHITECTURE A OF SIPO IS
    SIGNAL Q: STD_LOGIC_VECTOR(3 DOWNTO 0);
    SIGNAL CNT: INTEGER RANGE 0 TO 12500000;
    SIGNAL CLK1: STD_LOGIC;
    SIGNAL CLKTMP: STD_LOGIC;
BEGIN
    PROCESS(CLK)                         //产生低频率时钟
    BEGIN
        IF FALLING_EDGE(CLK) THEN
            CNT <= CNT + 1;
            IF CNT = 12500000 THEN
```

```
                    CNT <= 0;
                    CLKTMP <= NOT CLKTMP;
                END IF;
            END IF;
        END PROCESS;


        CLK1 <= CLKTMP;


        P1: PROCESS(CLK1, EN)
        BEGIN
            IF EN = '0' THEN
                Q <= "0000";
            ELSIF CLK1'EVENT AND CLK1 = '1' THEN
                Q(0) <= D_IN;
                FOR I IN 1 TO 3 LOOP
                    Q(I) <= Q(I-1);
                END LOOP;
                D_OUT <= Q;
            END IF;
        END PROCESS P1;


    END A;
```

10.10 多功能寄存器设计实验

```
-- Project: FPGA_Example\Ex18_SREG
LIBRARY IEEE;
USE IEEE.STD_LOGIC_1164.ALL;

ENTITY SREG166 IS
    PORT(
        CLRN: INSTD_LOGIC;                              //总清
        SERI: INSTD_LOGIC;                              //串行输入
        CLK: INSTD_LOGIC;                               //时钟输入
        CLKIH: INSTD_LOGIC;                             //H 保持,L 移位
        STLD: INSTD_LOGIC;                              //H 并行数据装载,L 移位
        PARI: INSTD_LOGIC_VECTOR(3 DOWNTO 0);           //4 位并行数据
        QH: OUTSTD_LOGIC
```

```
    );
END SREG166;


ARCHITECTURE BEHAV OF SREG166 IS
    SIGNAL CNT: INTEGER RANGE 0 TO 12500000;
    SIGNAL CLKTMP: STD_LOGIC;
    SIGNAL CLK1: STD LOGIC;
    SIGNAL TEMPREG: STD_LOGIC_VECTOR( 3 DOWNTO 0);
BEGIN
    PROCESS( CLK)                    //产生低频率时钟
    BEGIN
        IF FALLING_EDGE( CLK) THEN
                CNT <= CNT + 1;
                IF CNT = 12500000 THEN
                    CNT <= 0;
                    CLKTMP <= NOT CLKTMP;
                END IF;
        END IF;
    END PROCESS;


    CLK1 <= CLKTMP;
    PROCESS( CLRN, CLK1, CLKIH, SERI)
    BEGIN
        IF( CLRN = '0') THEN
            TEMPREG <= ( OTHERS => '0');
            QH <= TEMPREG( 3);
        ELSIF ( CLK1'EVENT) AND ( CLK1 = '1') THEN
            IF( CLKIH = '0') THEN
                IF( STLD = '0') THEN
                    TEMPREG( 0) <= PARI( 0);
                    TEMPREG( 1) <= PARI( 1);
                    TEMPREG( 2) <= PARI( 2);
                    TEMPREG( 3) <= PARI( 3);
                ELSIF( STLD = '1') THEN
                    FOR I IN TEMPREG'HIGH DOWNTO TEMPREG'LOW + 1 LOOP
                        TEMPREG( I) <= TEMPREG( I - 1);
                    END LOOP;
                    TEMPREG( TEMPREG'LOW) <= SERI;
```

```
            QH <= TEMPREG(3);
        END IF;
     END IF;
   END IF;
 END PROCESS;

END BEHAV;
```

10.11 单脉冲发生器设计实验

```
-- Project：FPGA_Example\Ex19_Pulse
LIBRARY IEEE;
USE IEEE.STD_LOGIC_1164.ALL;
ENTITY PULSE IS
    PORT(
        PUL, CLK: IN STD_LOGIC;
        NQ, Q: OUT STD_LOGIC
    );
END PULSE;

ARCHITECTURE A OF PULSE IS
SIGNAL TEMP: STD_LOGIC;
BEGIN
    PROCESS(CLK)
    BEGIN
        IF RISING_EDGE(CLK) THEN
            IF PUL = '0' THEN
                TEMP <= '1';
            ELSE
                TEMP <= '0';
            END IF;
        END IF;
    END PROCESS;
    Q <= TEMP;
    NQ <= NOT TEMP;
END A;
```

10.12　秒表计数器设计实验

-- Project：FPGA_Example\Ex24_SecondTP

-- ＝＝＝＝＝ File：ALARM. vhd ＝＝＝＝＝

```vhdl
LIBRARY IEEE;
USE IEEE.STD_LOGIC_1164.ALL;
USE IEEE.STD_LOGIC_UNSIGNED.ALL;

ENTITY ALARM IS
    PORT(
        CLK, I : IN STD_LOGIC;
        Q : OUT STD_LOGIC
    );
END ALARM;

ARCHITECTURE A OF ALARM IS
    SIGNAL FRE_N : INTEGER RANGE 0 TO 100;
    SIGNAL CLK_TMP : STD_LOGIC;
BEGIN
    Q <= CLK_TMP WHEN I ='1' ELSE '0';
    PROCESS(CLK)
    BEGIN
        IF FALLING_EDGE(CLK) THEN
            IF FRE_N >= 99 THEN
                FRE_N <= 0;
                CLK_TMP <= NOT CLK_TMP;
            ELSE
                FRE_N <= FRE_N + 1;
            END IF;
        END IF;
    END PROCESS;
END A;
```

-- ＝＝＝＝＝ File：count6. vhd ＝＝＝＝＝

```vhdl
LIBRARY IEEE;
USE IEEE.STD_LOGIC_1164.ALL;
```

```vhdl
USE IEEE.STD_LOGIC_UNSIGNED.ALL;

ENTITY COUNT6 IS
    PORT(
        CLR, START, CLK : IN STD_LOGIC;
        COUT : OUT STD_LOGIC;
        DAOUT : OUT STD_LOGIC_VECTOR(3 DOWNTO 0)
    );
END COUNT6;

ARCHITECTURE A OF COUNT6 IS
    SIGNAL CNT : STD_LOGIC_VECTOR(3 DOWNTO 0);
BEGIN
    DAOUT <= CNT;

    PROCESS(CLK)
    BEGIN
        IF(CLR = '0')THEN
            CNT <= "0000";
            COUT <= '0';
        ELSIF(CLK'EVENT AND CLK = '1')THEN
            IF(START = '1') THEN
            IF(CNT = "0101") THEN
                CNT <= "0000";
                COUT <= '1';
            ELSE
                CNT <= CNT + 1;
                COUT <= '0';
            END IF;
        ELSE
            CNT <= CNT;
            COUT <= '0';
        END IF;
        END IF;
    END PROCESS;
END A;
```

```
-- = = = = = File：count10.vhd = = = = =
LIBRARY IEEE;
USE IEEE.STD_LOGIC_1164.ALL;
USE IEEE.STD_LOGIC_UNSIGNED.ALL;
ENTITY COUNT10 IS
    PORT(
        CLR, START, CLK : IN STD_LOGIC;
        COUT : OUT STD_LOGIC;
        DAOUT : OUT STD_LOGIC_VECTOR(3 DOWNTO 0)
    );
END COUNT10;

ARCHITECTURE A OF COUNT10 IS
    SIGNAL CNT : STD_LOGIC_VECTOR(3 DOWNTO 0);
BEGIN
    DAOUT <= CNT;
    PROCESS(CLK)
    BEGIN
        IF(CLR = '0')THEN
            CNT <= "0000";
            COUT <= '0';
        ELSIF(CLK'EVENT AND CLK = '1')THEN
            IF(START = '1') THEN
                IF(CNT = "1001") THEN
                    CNT <= "0000";
                    COUT <= '1';
                ELSE
                    CNT <= CNT + 1;
                    COUT <= '0';
                END IF;
            ELSE
                CNT <= CNT;
                COUT <= '0';
            END IF;
        END IF;
    END PROCESS;
END A;
```

```
-- ===== File: decode3_8.vhd =====
LIBRARY IEEE;
USE IEEE.STD_LOGIC_1164.ALL;
USE IEEE.STD_LOGIC_UNSIGNED.ALL;
ENTITY DECODE3_8 IS
    PORT(
        SEL : IN STD_LOGIC_VECTOR( 2 DOWNTO 0 );
        DP : OUT STD_LOGIC;
        Q : OUT STD_LOGIC_VECTOR( 3 DOWNTO 0 )
    );
END DECODE3_8;


ARCHITECTURE A OF DECODE3_8 IS
BEGIN
    Q <="0001" WHEN SEL = 0 ELSE
        "0010" WHEN SEL = 1 ELSE
        "0100" WHEN SEL = 2 ELSE
        "1000" WHEN SEL = 3 ELSE
        "0000" WHEN SEL = 4 ELSE
        "0000" WHEN SEL = 5 ELSE
        "0000";
    DP <='0' WHEN SEL = 2 ELSE
        '1';
END A;


-- ===== File: deled.vhd =====
LIBRARY IEEE;
USE IEEE.STD_LOGIC_1164.ALL;
USE IEEE.STD_LOGIC_UNSIGNED.ALL;
ENTITY DELED IS
    PORT(
        NUM : IN STD_LOGIC_VECTOR( 3 DOWNTO 0 );
        LED : OUT STD_LOGIC_VECTOR( 6 DOWNTO 0 )
    );
END DELED;


ARCHITECTURE FUN OF DELED IS
BEGIN
```

```vhdl
    LED <="0000001" WHEN NUM = "0000" ELSE
         "1001111" WHEN NUM = "0001" ELSE
         "0010010" WHEN NUM = "0010" ELSE
         "0000110" WHEN NUM = "0011" ELSE
         "1001100" WHEN NUM = "0100" ELSE
         "0100100" WHEN NUM = "0101" ELSE
         "0100000" WHEN NUM = "0110" ELSE
         "0001111" WHEN NUM = "0111" ELSE
         "0000000" WHEN NUM = "1000" ELSE
         "0000100" WHEN NUM = "1001" ELSE
         "0001000" WHEN NUM = "1010" ELSE
         "1100000" WHEN NUM = "1011" ELSE
         "0110001" WHEN NUM = "1100" ELSE
         "1000010" WHEN NUM = "1101" ELSE
         "0110000" WHEN NUM = "1110" ELSE
         "1111111" WHEN NUM = "1111";
END FUN;


-- ===== File: DIV. vhd =====
LIBRARY IEEE;
USE IEEE.STD_LOGIC_1164.ALL;
USE IEEE.STD_LOGIC_UNSIGNED.ALL;


ENTITY DIV IS
    PORT(
        CLR, CLK: IN STD_LOGIC;
        Q : OUT STD_LOGIC
    );
END DIV;
ARCHITECTURE A OF DIV IS
    SIGNAL FRE_N : INTEGER RANGE 0 TO 125000;
    SIGNAL CLK_TMP : STD_LOGIC;
BEGIN
    Q <= CLK_TMP;
    PROCESS(CLK, CLR)
    BEGIN
        IF CLR = '0' THEN
            FRE_N <= 0;
```

```
        ELSIF FALLING_EDGE(CLK) THEN
            IF FRE_N >= 124999 THEN
                FRE_N <= 0;
                CLK_TMP <= NOT CLK_TMP;
            ELSE
                FRE_N <= FRE_N + 1;
            END IF;
        END IF;
    END PROCESS;
END A;


-- ===== File：DIV1. vhd =====
LIBRARY IEEE;
USE IEEE.STD_LOGIC_1164.ALL;
USE IEEE.STD_LOGIC_UNSIGNED.ALL;


ENTITY DIV1 IS
    PORT(
        CLK : IN STD_LOGIC;
        Q : OUT STD_LOGIC
    );
END DIV1 ;


ARCHITECTURE A OF DIV1 IS
    SIGNAL FRE_N : INTEGER RANGE 0 TO 10000;
    SIGNAL CLK_TMP : STD_LOGIC;
BEGIN
    Q <= CLK_TMP;
    PROCESS(CLK)
    BEGIN
        IF FALLING_EDGE(CLK) THEN
            IF FRE_N >= 9999 THEN
                FRE_N <= 0;
                CLK_TMP <= NOT CLK_TMP;
            ELSE
                FRE_N <= FRE_N + 1;
            END IF;
        END IF;
```

```vhdl
    END PROCESS;
END A;


-- ===== File: SELTIME. vhd =====
LIBRARY IEEE;
USE IEEE.STD_LOGIC_1164.ALL;
USE IEEE.STD_LOGIC_UNSIGNED.ALL;

ENTITY SELTIME IS
    PORT(
        CLR, CLK : IN STD_LOGIC;
        DAIN1,DAIN2,DAIN3,DAIN4,DAIN5,DAIN6:IN STD_LOGIC_VECTOR
          (3 DOWNTO 0);
        SEL : OUT STD_LOGIC_VECTOR(2 DOWNTO 0);
        DAOUT : OUT STD_LOGIC_VECTOR(3 DOWNTO 0)
    );
END SELTIME;

ARCHITECTURE A OF SELTIME IS
    SIGNAL COUNT : STD_LOGIC_VECTOR(2 DOWNTO 0);

BEGIN
    SEL <= COUNT WHEN CLR = '1' ELSE "111";

    PROCESS(CLK, CLR)
    BEGIN
        IF(CLR ='0') THEN
            COUNT <= "111";
        ELSIF(CLK 'EVENT AND CLK = '1') THEN
            IF(COUNT >= "101") THEN
                COUNT <= "000";
            ELSE
                COUNT <= COUNT + 1;
            END IF;
        END IF;
    END PROCESS;

    PROCESS(CLK, CLR)
```

```
BEGIN
    IF(CLR = '0') THEN
        DAOUT <= (OTHERS => '0');
    ELSE
        CASE COUNT IS
            WHEN "000" => DAOUT <= DAIN1;          //毫秒个位
            WHEN "001" => DAOUT <= DAIN2;          //毫秒十位
            WHEN "010" => DAOUT <= DAIN3;          //秒个位
            WHEN "011" => DAOUT <= DAIN4;          //秒十位
            WHEN "100" => DAOUT <= DAIN5;          //分个位
            WHEN "101" => DAOUT <= DAIN6;          //分十位
            WHEN OTHERS => DAOUT <= NULL;
        END CASE;
    END IF;
END PROCESS;

END A;
```

10.13   矩阵键盘与动态数码管显示实验

```
-- Project：FPGA_Example\Ex25_KeyDisp
LIBRARY IEEE;
USE IEEE.STD_LOGIC_1164.ALL;
USE IEEE.STD_LOGIC_ARITH.ALL;
USE IEEE.STD_LOGIC_UNSIGNED.ALL;

ENTITY KEYDISP IS
    PORT(
        CLK : IN STD_LOGIC ;
        L : IN STD_LOGIC_VECTOR(3 DOWNTO 0);
        CHOICE : OUT STD_LOGIC_VECTOR(3 DOWNTO 0);
        DATAOUT : OUT STD_LOGIC_VECTOR(7 DOWNTO 0)
    );
END;

ARCHITECTURE ARTH OF KEYDISP IS
    SIGNAL CARRY1 : STD_LOGIC;
    SIGNAL COUNT : STD_LOGIC_VECTOR(5 DOWNTO 0);
```

```vhdl
    SIGNAL COUNT1 : STD_LOGIC_VECTOR( 1 DOWNTO 0 );
    SIGNAL SEL : STD_LOGIC_VECTOR( 3 DOWNTO 0 );
    SIGNAL TEMP : STD_LOGIC_VECTOR( 3 DOWNTO 0 );
    SIGNAL DATAIN : STD_LOGIC_VECTOR( 7 DOWNTO 0 );
BEGIN

    P1:PROCESS(CLK)
    BEGIN
        IF(RISING_EDGE(CLK)) THEN
            COUNT <= COUNT + '1';
        END IF;
    END PROCESS P1;


    P2:PROCESS(CLK)
    BEGIN
        IF(RISING_EDGE(CLK))THEN
            IF(COUNT = "111111") THEN
                CARRY1 <= '1';
            ELSE
                CARRY1 <= '0';
            END IF;
        END IF;
    END PROCESS P2;


    P3:PROCESS(CARRY1)
    BEGIN
        IF(RISING_EDGE(CARRY1)) THEN
            COUNT1 <= COUNT1 + '1';
        END IF;
    END PROCESS P3;


    P4:PROCESS(CLK)
    BEGIN
        IF(FALLING_EDGE(CLK)) THEN
            CHOICE <= SEL;
            DATAOUT <= DATAIN;
        END IF;
    END PROCESS P4;
```

```
P5:PROCESS(CLK,L,SEL)
BEGIN
    IF(RISING_EDGE(CLK)) THEN
        IF(L(0) = '0') THEN
            IF(SEL(0) = '0') THEN
                TEMP <= "0000";
            ELSIF(SEL(1) = '0') THEN
                TEMP <= "0001";
            ELSIF(SEL(2) = '0') THEN
                TEMP <= "0010";
            ELSIF(SEL(3) = '0') THEN
                TEMP <= "0011";
            END IF;
        ELSIF(L(1) = '0') THEN
            IF(SEL(0) = '0') THEN
                TEMP <= "0100";
            ELSIF(SEL(1) = '0') THEN
                TEMP <= "0101";
            ELSIF(SEL(2) = '0') THEN
                TEMP <= "0110";
            ELSIF(SEL(3) = '0') THEN
                TEMP <= "0111";
            END IF;
        ELSIF(L(2) = '0') THEN
            IF(SEL(0) = '0') THEN
                TEMP <= "1000";
            ELSIF(SEL(1) = '0') THEN
                TEMP <= "1001";
            ELSIF(SEL(2) = '0') THEN
                TEMP <= "1010";
            ELSIF(SEL(3) = '0') THEN
                TEMP <= "1011";
            END IF;
        ELSIF(L(3) = '0') THEN
            IF(SEL(0) = '0') THEN
                TEMP <= "1100";
            ELSIF(SEL(1) = '0') THEN
                TEMP <= "1101";
```

```
                    ELSIF(SEL(2) = '0') THEN
                        TEMP <= "1110";
                    ELSIF(SEL(3) = '0') THEN
                        TEMP <= "1111";
                    END IF;
                END IF;
            END IF;
        END PROCESS P5;


        SEL <="1110" WHEN COUNT1 = "00" ELSE
             "1101" WHEN COUNT1 = "01" ELSE
             "1011" WHEN COUNT1 = "10" ELSE
             "0111" WHEN COUNT1 = "11";


        WITH TEMP SELECT
        DATAIN <="00100001" WHEN "0000",               //D
                 "00000110" WHEN "0001",               //E
                 "00001110" WHEN "0010",               //F
                 "11000000" WHEN "0011",               //0
                 "01000110" WHEN "0100",               //C
                 "10110000" WHEN "0101",               //3
                 "10100100" WHEN "0110",               //2
                 "11111001" WHEN "0111",               //1
                 "00000011" WHEN "1000",               //B
                 "10000010" WHEN "1001",               //6
                 "10010010" WHEN "1010",               //5
                 "10011001" WHEN "1011",               //4
                 "00001000" WHEN "1100",               //A
                 "10010000" WHEN "1101",               //9
                 "10000000" WHEN "1110",               //8
                 "11111000" WHEN "1111",               //7
                 "11111111" WHEN OTHERS;
        END ARTH;
```

10.14　SRAM 读写测试实验

```
module  sram(clk,rst_n,led, address,write_en,data);
input clk,rst_n;
```

```verilog
output led;                          //指示灯,灯亮:读写正确;灯灭:读写数据不一致
output[14:0] address;                //SRAM 地址
output write_en;                     //写使能,低电平有效
inout[7:0] data;                     //SRAM 数据

reg[25:0] delay;                     //完成一次读写操作为 1.28s
always @ (posedge clk or negedge rst_n)
if(! rst_n) delay <= 26'd0;
else delay <= delay+1;

wire write;                          //产生写请求
wire read;                           //产生读请求
assign write=(delay==26'd9999);                      //0.2ms 写数据
assign read=(delay==26'd19999);                      //再隔 0.2ms 读数据

reg [7:0]write_data;                                  //写入数据
always @ (posedge clk or negedge rst_n)               //更新下一次的数据
if(! rst_n) write_data <= 8'd0;
else if(delay == 26'd29999) write_data <= write_data+1'b1;

reg [14:0]addr_r;                                     //数据地址
always @ (posedge clk or negedge rst_n)
if(! rst_n) addr_r <= 15'd0;
else if(delay == 26'd29999) addr_r <= addr_r+1'b1;    //更新下一次数据地址

reg [7:0]read_data;                                   //读取数据
reg led_r;
always @ (posedge clk or negedge rst_n)
if(! rst_n) led_r <= 1'b0;
else if(delay == 26'd29999) begin
    if(read_data==write_data)led_r <= 1'b1;           //数据读写一致,亮灯
else led_r <= 1'b0;                                   //数据读写不一致,灭灯
end
assign led=led_r;

parameter IDLE = 4'd0;
parameter WRT0 = 4'd1;
parameter WRT1 = 4'd2;
```

```
parameter REA0 = 4'd3;
parameter REA1 = 4'd4;

reg[3:0] cstate,nstate;

reg[2:0] cnt;                                    //延时计数器
always @ (posedge clk or negedge rst_n)
if(! rst_n) cnt <= 3'd0;
else if(cstate == IDLE) cnt <= 3'd0;
else cnt <= cnt+1'b1;                            //读写操作均不为零
`define DELAY_160 (cnt==3'd7)          //延时 20ns×8 完成一次读(写)数据

//两段式状态机写法
always @ (posedge clk or negedge rst_n)
if(! rst_n) cstate <= IDLE;
else cstate <= nstate;

always @ (cstate or write or read or cnt)
case (cstate)
  IDLE:if(write) nstate<=WRT0;                   //写请求有效
    else if(read)nstate<=REA0;                   //读请求有效
else nstate<=IDLE;
  WRT0:if(`DELAY_160)nstate<=WRT1;
    else nstate<=WRT0;
WRT1:nstate<=IDLE;
REA0:if(`DELAY_160)nstate<=REA1;
    else nstate<=REA0;
REA1:nstate<=IDLE;
default:nstate<=IDLE;
endcase
assign address=addr_r; //SRAM 地址

always @ (posedge clk or negedge rst_n)
if(! rst_n) read_data <= 8'd0;
else if(cstate == REA1) read_data <=data;

reg link;//数据线 data 双向口控制寄存器,连接=1 ,断开=0,处于高阻状态
always @ (posedge clk or negedge rst_n)
```

```
if(! rst_n) link <=1'b0;
else
case (cstate)
IDLE: if(write) link <= 1'b1;
else if(read) link <= 1'b0;
else link <= 1'b0;
WRT0: link <= 1'b1;
default: link <= 1'b0;
endcase
assign data = link ? write_data : 8'bzz;          //向 SRAM 写入数据
assign  write_en = ~link;

endmodule
```

第11章 ARM Cortex-M4 嵌入式系统实验参考程序

11.1 公用函数(供实验程序调用)

公用函数包括延时函数、系统时钟初始化函数、串口操作函数、按键操作函数、LED 操作函数、外部中断函数、定时器函数、TFT-LCD 驱动函数、ADC 模数转换函数、DAC 数模转换函数、IIC 总线及 EEPROM 读写函数、SPI 总线及 FLASH 读写函数、触摸屏操作函数、内存管理函数、汉字库管理函数等可根据需要参阅官方网站的公用函数库进行直接调用,此处不再赘述。

11.2 系统认识实验

```
-- Project: STM32F4_Examples\Ex01_LED
#include "misc h"

static u8fac_us = 0;              //us 延时倍乘数
static u16fac_ms = 0;             //ms 延时倍乘数

//初始化延迟函数,SYSTICK 的时钟固定为 AHB 时钟的 1/8
//SYSCLK:系统时钟频率
void DelayInit(u8 SYSCLK)
{
    SysTick_CLKSourceConfig(SysTick_CLKSource_HCLK_Div8);
    fac_us = SYSCLK /8;
    fac_ms =(u16)fac_us * 1000;   //代表每个 ms 需要的 SysTick 时钟数
}

//延时,注意 nms 的范围,因为 SysTick->LOAD 为 24 位寄存器,所以,
//最大延时为:nms<=0xffffff * 8 *1000/SYSCLK
//SYSCLK 单位为 Hz,nms 单位为 ms,在 168M 条件下,nms<=798ms
void delay_xms(u16 nms)
{
    u32 temp;
    SysTick->LOAD = (u32)nms * fac_ms;
                                  //时间加载(SysTick->LOAD 为 //24bit)
```

```
        SysTick->VAL = 0;                                      //清空计数器
        SysTick->CTRL |= SysTick_CTRL_ENABLE_Msk;              //开始倒数
        do {
            temp = SysTick->CTRL;
        } while((temp & 0x01) && !(temp & (1 << 16)));         //等待时间到达
        SysTick->CTRL &= ~SysTick_CTRL_ENABLE_Msk;             //关闭计数器
        SysTick->VAL = 0;                                      //清空计数器
}

//延时 nms(nms:0~65535)
void delay_ms(u16 nms)
{
    u8 repeat = nms /540;        //这里用540,是考虑到某些应用场合可能超频
                                 //使用,比如超频到248M的时候,delay_xms
                                 //最大只能延时541ms左右了

    u16 remain = nms % 540;
    while(repeat) {
        delay_xms(540);
        repeat--;
    }
    if(remain)
        delay_xms(remain);
}

int main()
{
    GPIO_InitTypeDef GPIO_InitStructure;
    DelayInit(168);                                          //初始化延时函数
    RCC_AHB1PeriphClockCmd(RCC_AHB1Periph_GPIOF,ENABLE);
                                               //GPIO PF9,PF10 初始化设置
    GPIO_InitStructure.GPIO_Pin = GPIO_Pin_9 | GPIO_Pin_10;
                                                            //LED0,1
    GPIO_InitStructure.GPIO_Mode = GPIO_Mode_OUT;           //普通输出模式
    GPIO_InitStructure.GPIO_OType = GPIO_OType_PP;          //推挽输出
    GPIO_InitStructure.GPIO_Speed = GPIO_Speed_100MHz;
                                                            //GPIO 速度
    GPIO_InitStructure.GPIO_PuPd = GPIO_PuPd_UP;            //上拉
    GPIO_Init(GPIOF, &GPIO_InitStructure);                  //初始化 GPIO
```

```
GPIO_SetBits(GPIOF, GPIO_Pin_9 | GPIO_Pin_10);          //熄灭 LED
while(1) {
    GPIO_ResetBits(GPIOF, GPIO_Pin_9);         //PF9 = 0,LED0 点亮
    GPIO_SetBits(GPIOF,GPIO_Pin_10);           //PF10 = 1,LED1 熄灭
    delay_ms(500);
    GPIO_SetBits(GPIOF,GPIO_Pin_9);            //PF9 = 1,LED0 熄灭
    GPIO ResetBits(GPIOF,GPIO_Pin_10);         //PF10 = 0,LED1 点亮
    delay_ms(500);
    }
}
```

11.3　按键输入实验

-- Project：STM32F4_Examples\Ex02_KEY

```
#include "sys.h"
#include "delay.h"
#include "led.h"
#include "key.h"

int main(void)
{
    u8 key;                             //保存键值
    delay_init(168);                    //初始化延时函数
    LED_Init();                         //初始化 LED 端口
    KEY_Init();                         //初始化与按键连接的硬件接口
    while(1) {
        key = KEY_Scan(0);              //得到键值
        if(key) {
            switch(key) {
                case WKUP_PRES:         //点亮 LED0,LED1
                    LED0 = 0; LED1 = 0; break;
                case KEY0_PRES:         //熄灭 LED0,点亮 LED1
                    LED0 = 1; LED1 = 0; break;
                case KEY1_PRES:         //熄灭 LED0,LED1
                    LED0 = 1; LED1 = 1; break;
                case KEY2_PRES:         //点亮 LED0,熄灭 LED1
                    LED0 = 0; LED1 = 1; break;
            }
```

```
        }
        else delay_ms(10);
    }
}
```

11.4 外部中断实验

-- Project：STM32F4_Examples\Ex03_EXTINT

```c
#include "sys.h"
#include "delay.h"
#include "led.h"
#include "key.h"
#include "exti.h"

int main(void)
{
    //设置系统中断优先级分组2
    NVIC_PriorityGroupConfig(NVIC_PriorityGroup_2);
    delay_init(168);                    //初始化延时函数
    LED_Init();                         //初始化 LED 端口
    EXTIX_Init();                       //初始化外部中断输入
    while(1) {                          //主循环,LED0 LED1 均点亮,等待中断
        LED0 = 0;
        LED1 = 0;
    }
}
```

11.5 独立"看门狗"(IWDG)实验

-- Project：STM32F4_Examples\Ex04_IWDG

-- ===== File：main.c =====

```c
#include "sys.h"
#include "delay.h"
#include "led.h"
#include "key.h"
#include "iwdg.h"
```

```
int main(void)
{
    //设置系统中断优先级分组 2
    NVIC_PriorityGroupConfig(NVIC_PriorityGroup_2);
    delay_init(168);                            //初始化延时函数
    LED_Init();                                 //初始化 LED 端口
    KEY_Init();                                 //初始化按键
    delay_ms(100);/                             //延时 100ms
    IWDG_Init(4,500);          //与分频数为 64,重载值为 500,溢出时间为 1s
    LED0 = 0;                                   //先点亮红灯
    while(1) {
        if(KEY_Scan(0) = = WKUP_PRES)           //如果 WK_UP 按下
            IWDG_Feed();                        //则"喂狗"
        delay_ms(10);
    }
}


-- = = = = = File：iwdg. h = = = = =
#ifndef _IWDG_H
#define _IWDG_H
#include "sys.h"
void IWDG_Init(u8 prer,u16 rlr);                //IWDG 初始化
void IWDG_Feed(void);                           //"喂狗"函数
#endif


// = = = = = File：iwdg. c = = = = =
#include "iwdg.h"
//初始化独立"看门狗"
//prer:分频数:0~7(低 3 位有效)
//rlr:自动重装载值,0~0xFFF
//分频因子 = 4×2^prer,最大值是 256
//rlr:重装载寄存器值:低 11 位有效
//时间计算:Tout = ((4 * 2^prer) * rlr)/32 (ms)
void IWDG_Init(u8 prer,u16 rlr)
{
    //使能对 IWDG->PR IWDG->RLR 的写
    IWDG_WriteAccessCmd(IWDG_WriteAccess_Enable);
    IWDG_SetPrescaler(prer);                     //设置 IWDG 分频系数
```

```
    IWDG_SetReload(rlr);                      //设置 IWDG 装载值
    IWDG_ReloadCounter();                     //reload
    IWDG_Enable();                            //使能"看门狗"
}


//喂独立"看门狗"
void IWDG_Feed(void)
{
    IWDG_ReloadCounter();//reload
}
```

11.6   定时器中断实验

-- Project：STM32F4_Examples\Ex06_TIMER

```
#include "sys.h"
#include "delay.h"
#include "led.h"
#include "timer.h"


int main(void)
{
    //设置系统中断优先级分组2
    NVIC_PriorityGroupConfig(NVIC_PriorityGroup_2);
    delay_init(168);                          //初始化延时函数
    LED_Init();                               //初始化 LED 端口

    //定时器时钟84M,分频系数8400,所以 84M/8400=10KHz 的计数频率
    //计数 5000 次为 500ms
    TIM3_Int_Init(5000-1, 8400-1);
    while(1) {
        LED0 = ! LED0;//LED0 跳变
        delay_ms(1000);
    }
}
```

11.7   PWM 输出实验

-- Project：STM32F4_Examples\Ex07_PWM

```
-- = = = = = File：main.c = = = = =
#include "sys.h"
#include "delay.h"
#include "led.h"
#include "pwm.h"

int main(void)
{
    u16 led0pwmval = 0;
    u8 dir = 1;

    //设置系统中断优先级分组 2
    NVIC_PriorityGroupConfig(NVIC_PriorityGroup_2);
    delay_init(168);                        //初始化延时函数
    //84M/84=1Mhz 的计数频率, 重装载值 500, 所以 PWM 频率为 1M/500=2KHz
    TIM14_PWM_Init(500-1,84-1);
    while(1) {     //实现比较值从 0~300 递增, 到 300 后从 300~0 递减, 循环
        delay_ms(10);
        if(dir) led0pwmval++;               //dir==1 led0pwmval 递增
        else led0pwmval--;                  //dir==0 led0pwmval 递减
        if(led0pwmval > 300) {
            dir=0;                      //led0pwmval 到达 300 后, 方向为递减
            delay_ms(100);
        }
        if(led0pwmval == 0) {
            dir = 1;                    //led0pwmval 递减到 0 后, 方向改为递增
            delay_ms(100);
        }
        TIM_SetCompare1(TIM14,led0pwmval);//修改比较值, 修改占空比
    }
}


-- = = = = = File：pwm.h = = = = =
#ifndef _TIMER_H
#define _TIMER_H
#include "sys.h"
void TIM14_PWM_Init(u32 arr, u32 psc);
```

```
#endif


-- = = = = = File：pwm.c = = = = =
#include "pwm.h"
#include "led.h"


//TIM14 PWM 输出初始化
//arr：自动重装值 psc：时钟预分频数
void TIM14_PWM_Init(u32 arr,u32 psc)
{
    GPIO_InitTypeDef GPIO_InitStructure;
    TIM_TimeBaseInitTypeDef TIM_TimeBaseStructure;
    TIM_OCInitTypeDef TIM_OCInitStructure;
    //TIM14 时钟使能
    RCC_APB1PeriphClockCmd(RCC_APB1Periph_TIM14,ENABLE);
    //使能 PORTF 时钟
    RCC_AHB1PeriphClockCmd(RCC_AHB1Periph_GPIOF,ENABLE);
    //PF9 复用为定时器 14
    GPIO_PinAFConfig(GPIOF,GPIO_PinSource9,GPIO_AF_TIM14);
    GPIO_InitStructure.GPIO_Pin = GPIO_Pin_9;         //PF9
    GPIO_InitStructure.GPIO_Mode = GPIO_Mode_AF;      //复用功能
    GPIO_InitStructure.GPIO_Speed = GPIO_Speed_100MHz;
                                                      //速度 100MHz
    GPIO_InitStructure.GPIO_OType = GPIO_OType_PP;    //推挽复用输出
    GPIO_InitStructure.GPIO_PuPd = GPIO_PuPd_UP;      //上拉
    GPIO_Init(GPIOF,&GPIO_InitStructure);             //初始化 PF9


    TIM_TimeBaseStructure.TIM_Prescaler=psc;          //定时器分频
    TIM_TimeBaseStructure.TIM_CounterMode=TIM_CounterMode_Up;
                                                      //向上计数
    TIM_TimeBaseStructure.TIM_Period=arr;             //自动重装载值
    TIM_TimeBaseStructure.TIM_ClockDivision=TIM_CKD_DIV1;
    TIM_TimeBaseInit(TIM14,&TIM_TimeBaseStructure);
                                                      //初始化定时器 14


    //初始化 TIM14 Channel1 PWM 模式
    //选择定时器模式：TIM 脉冲宽度调制模式 2
    TIM_OCInitStructure.TIM_OCMode = TIM_OCMode_PWM1;
```

```
//比较输出使能
TIM_OCInitStructure.TIM_OutputState = TIM_OutputState_Enable;
//输出极性:TIM 输出比较极性低
TIM_OCInitStructure.TIM_OCPolarity = TIM_OCPolarity_Low;
//根据 T 指定的参数初始化外设 TIM1 4OC1
TIM_OC1Init(TIM14, &TIM_OCInitStructure);
//使能 TIM14 在 CCR1 上的预装载寄存器
TIM_OC1PreloadConfig(TIM14, TIM_OCPreload_Enable);
TIM_ARRPreloadConfig(TIM14,ENABLE);              //ARPE 使能
TIM_Cmd(TIM14, ENABLE);                          //使能 TIM14
}
```

11.8　串口通信实验

```
-- Project：STM32F4_Examples\Ex08_RS232
#include "sys.h"
#include "delay.h"
#include "usart.h"
int main(void)
{
    u8 t, len;
    //设置系统中断优先级分组 2
    NVIC_PriorityGroupConfig(NVIC_PriorityGroup_2);
    delay_init(168);                          //延时初始化
    uart_init(115200);                        //串口初始化波特率为 115200
    printf("Welcome to use STM32F407 Core Board! \r \n");
    printf("Please enter some characters and "
           "press ENTER to send! \r \n \r \n");
    while(1) {
        if(USART_RX_STA & 0x8000) {
            len = USART_RX_STA & 0x3fff;    //得到此次接收到的数据长度
            printf("You sent: \r \n");
            for(t = 0; t<len; t++) {
                //向串口 1 发送数据
                USART_SendData(USART1, USART_RX_BUF[t]);
                //等待发送结束
                while (USART_GetFlagStatus (USART1, USART_FLAG_
                    TC)! =SET);
```

```
        }
        printf("\r \n");//插入换行
        USART_RX_STA = 0;
    }
  }
}
```

11.9　电容式触摸按键实验

-- Project：STM32F4_Examples\Ex09_TPAD

-- = = = = = File：main.c = = = = =

```
#include "sys h"
#include "delay h"
#include "led h"
#include "tpad h"
int main(void)
{
    u8 t = 0;
    //设置系统中断优先级分组 2
    NVIC_PriorityGroupConfig(NVIC_PriorityGroup_2);
    delay_init(168);                    //初始化延时函数
    LED_Init();                         //初始化 LED
    TPAD_Init(8);              //初始化触摸按键,以 84 /4 = 21Mhz 频率计数
    while(1) {
        if(TPAD_Scan(0))
                    //成功捕获到了一次上升沿(此函数执行时间至少 //15ms)
            LED1 = ! LED1;              //LED1 取反
        t++;
        if(t == 15) {
            t = 0;
            LED0 = ! LED0;              //LED0 取反,提示程序正在运行
        }
        delay_ms(10);
    }
}
```

```
-- ===== File：tpad.h =====
#ifndef __TPAD_H
#define __TPAD_H
#include "sys h"
extern vu16 tpad_default_val;    //空载(没有手按下)时计数器需要的时间
                                 //这个值应在每次开机的时候被初始化一次
voidTPAD_Reset(void);
u16TPAD_Get_Val(void);
u16TPAD_Get_MaxVal(u8 n);
u8TPAD_Init(u8 systick);
u8TPAD_Scan(u8 mode);
voidTIM2_CH1_Cap_Init(u32 arr, u16 psc);
#endif


-- ===== File：tpad.c =====
#include "tpad h"
#include "delay h"


#define TPAD_ARR_MAX_VAL 0xFFFFFFFF  //最大的 ARR 值(TIM2 是 32 位定时器)
vu16 tpad_default_val = 0;            //空载(没有手按下)时计数器需要的时间


//初始化触摸按键,获得空载的时候触摸按键的取值
//psc:分频系数,越小,灵敏度越高
//返回值:0,初始化成功;1,初始化失败
u8 TPAD_Init(u8 psc)
{
    u16 buf[10], temp;
    u8 i, j;
    TIM2_CH1_Cap_Init(TPAD_ARR_MAX_VAL,psc-1);
                                              //设置分频系数
    for(i=0; i<10; i++) {                     //连续读取 10 次
        buf[i] = TPAD_Get_Val();
        delay_ms(10);
    }
    for(i=0; i<9; i++) {                       //排序
        for(j=i+1; j<10; j++) {
            if(buf[i] > buf[j]) {              //升序排列
                temp = buf[i];
```

```
                buf[i] = buf[j];
                buf[j] = temp;
            }
        }
    }
    temp = 0;
    for(i=2; i<8; i++)
        temp += buf[i];                        //取中间的 8 个数据进行平均
    tpad_default_val = temp /6;
    if(tpad_default_val > TPAD_ARR_MAX_VAL /2)
        return 1;          //初始化遇到超过 TPAD_ARR_MAX_VAL /2 的数值,异常!
    return 0;
}


//复位(释放电容电量,并清除定时器的计数值)
void TPAD_Reset(void)
{
    GPIO_InitTypeDef GPIO_InitStructure;
    GPIO_InitStructure.GPIO_Pin = GPIO_Pin_5;          //PA5
    GPIO_InitStructure.GPIO_Mode = GPIO_Mode_OUT;      //普通输出
    GPIO_InitStructure.GPIO_Speed = GPIO_Speed_100MHz;
                                                       //速度 100MHz
    GPIO_InitStructure.GPIO_OType = GPIO_OType_PP;     //推挽
    GPIO_InitStructure.GPIO_PuPd = GPIO_PuPd_DOWN;     //下拉
    GPIO_Init(GPIOA,&GPIO_InitStructure);              //初始化 PA5
    GPIO_ResetBits(GPIOA,GPIO_Pin_5);                  //输出 0,放电
    delay_ms(5);
    TIM_ClearITPendingBit(TIM2,TIM_IT_CC1 |TIM_IT_Update);
                                                       //清中断标志
    TIM_SetCounter(TIM2,0);                            //归 0
    GPIO_InitStructure.GPIO_Pin = GPIO_Pin_5;          //PA5
    GPIO_InitStructure.GPIO_Mode = GPIO_Mode_AF;       //复用输出
    GPIO_InitStructure.GPIO_Speed = GPIO_Speed_100MHz;
                                                       //速度 100MHz
    GPIO_InitStructure.GPIO_OType = GPIO_OType_PP;     //推挽
    GPIO_InitStructure.GPIO_PuPd = GPIO_PuPd_NOPULL;   //不带上下拉
    GPIO_Init(GPIOA,&GPIO_InitStructure);              //初始化 PA5
}
```

```
//得到定时器捕获值,如果超时,则直接返回定时器的计数值.
//返回值:捕获值/计数值(超时的情况下返回)
u16 TPAD_Get_Val(void)
{
    TPAD_Reset();
    while(TIM_GetFlagStatus(TIM2,TIM_IT_CC1)= =RESET){
                                                    //等待捕获上升沿
        if(TIM_GetCounter(TIM2)>TPAD_ARR_MAX_VAL-500)
            return TIM_GetCounter(TIM2);    //超时了,直接返回CNT的值
    }
    return TIM_GetCapture1(TIM2);
}


//读取n次,取最大值
//n:连续获取的次数
//返回值:n次读数里面读到的最大读数值
u16 TPAD_Get_MaxVal(u8 n)
{
    u16 temp = 0;
    u16 res = 0;
    while(n--) {
        temp = TPAD_Get_Val();            //得到一次值
        if(temp > res) res = temp;
    }
    return res;
}


//触摸的门限值,必须大于tpad_default_val+TPAD_GATE_VAL才认为是有效
//触摸
#define TPAD_GATE_VAL 100

//扫描触摸按键
//mode:0,不支持连续触发(按下一次必须松开才能按下一次);
//     1,支持连续触发(可以一直按下)
//返回值:0,没有按下;1,有按下
u8 TPAD_Scan(u8 mode)
{
```

```
        static u8 keyen = 0;                  //0,可以开始检测;>0,还不能开始检测
        u8 res = 0;
        u8 sample = 3;                        //默认采样次数为 3 次
        u16 rval;
        if(mode) {
            sample = 6;                        //支持连按的时候,设置采样次数为 6 次
            keyen = 0;                         //支持连按
        }
        rval = TPAD_Get_MaxVal(sample);
        if(rval>(tpad_default_val+TPAD_GATE_VAL)&&rval<(10 * tpad_
          default_val))
    {   //大于 tpad_default_val+TPAD_GATE_VAL 且小于 10 倍 tpad_default_
        //val 则有效
            if((keyen==0)&&(rval>(tpad_default_val+TPAD_GATE_VAL)))
                            //大于 tpad_default_val+TPAD_GATE_VAL 则有效
                res=1;
            keyen = 3;      //至少要再过 3 次之后才能按键有效
        }
        if(keyen)
            keyen--;
        return res;
    }


    //定时器 2 通道 2 输入捕获配置
    //arr:自动重装值
    //psc:时钟预分频数
    void TIM2_CH1_Cap_Init(u32 arr,u16 psc)
    {
        GPIO_InitTypeDef GPIO_InitStructure;
        TIM_TimeBaseInitTypeDef TIM_TimeBaseStructure;
        TIM_ICInitTypeDef TIM2_ICInitStructure;

        RCC_APB1PeriphClockCmd(RCC_APB1Periph_TIM2,ENABLE);
                                            //TIM2 时钟使能
        RCC_AHB1PeriphClockCmd(RCC_AHB1Periph_GPIOA,ENABLE);
                                            //使能 GPIOA 时钟
        GPIO_PinAFConfig(GPIOA,GPIO_PinSource5,GPIO_AF_TIM2);
                                            //PA5 复用位定时器 2
```

```
GPIO_InitStructure.GPIO_Pin = GPIO_Pin_5;              //PA5
GPIO_InitStructure.GPIO_Mode = GPIO_Mode_AF;           //复用功能
GPIO_InitStructure.GPIO_Speed = GPIO_Speed_100MHz;
                                                       //速度100MHz
GPIO_InitStructure.GPIO_OType = GPIO_OType_PP;      //推挽复用输出
GPIO_InitStructure.GPIO_PuPd = GPIO_PuPd_NOPULL;   //不带上下拉
GPIO_Init(GPIOA,&GPIO_InitStructure);                  //初始化PA5

//初始化TIM2
TIM_TimeBaseStructure.TIM_Period = arr;     //设定计数器自动重装值
TIM_TimeBaseStructure.TIM_Prescaler =psc;             //预分频器
TIM_TimeBaseStructure.TIM_ClockDivision = TIM_CKD_DIV1;
TIM_TimeBaseStructure.TIM_CounterMode = TIM_CounterMode_Up;
TIM_TimeBaseInit(TIM2, &TIM_TimeBaseStructure);

//初始化通道1
TIM2_ICInitStructure.TIM_Channel = TIM_Channel_1;  //CC1S=01
TIM2_ICInitStructure.TIM_ICPolarity = TIM_ICPolarity_Rising;
TIM2_ICInitStructure.TIM_ICSelection=TIM_ICSelection_DirectTI;
TIM2_ICInitStructure.TIM_ICPrescaler = TIM_ICPSC_DIV1;
TIM2_ICInitStructure.TIM_ICFilter = 0x00;
TIM_ICInit(TIM2, &TIM2_ICInitStructure);           //初始化TIM2 IC1

TIM_Cmd(TIM2,ENABLE );                             //使能定时器2
}
```

11.10 TFT-LCD 显示实验

```
-- Project：STM32F4_Examples\Ex10_TFTLCD
#include "sys.h"
#include "delay.h"
#include "lcd.h"
int main(void)
{
    u8 x = 0;
    u8 lcd_id[12];                             //存放LCD ID字符串
```

```
//设置系统中断优先级分组 2
NVIC_PriorityGroupConfig(NVIC_PriorityGroup_2);

delay_init(168);                        //初始化延时函数
LCD_Init();                             //初始化 LCD FSMC 接口
POINT_COLOR=RED;                        //画笔颜色:红色
//将 LCD ID 打印到 lcd_id 数组
sprintf((char*)lcd_id,"LCD ID:%04X",lcddev.id);
while(1){
    switch(x){
        case 0:LCD_Clear(WHITE);POINT_COLOR=BLACK;break;
        case 1:LCD_Clear(BLACK);POINT_COLOR=WHITE;break;
        case 2:LCD_Clear(BLUE);POINT_COLOR=YELLOW;break;
        case 3:LCD_Clear(RED);POINT_COLOR=GREEN;break;
        case 4:LCD_Clear(MAGENTA);POINT_COLOR=CYAN;break;
        case 5:LCD_Clear(GREEN);POINT_COLOR=RED;break;
        case 6:LCD_Clear(CYAN);POINT_COLOR=MAGENTA;break;
        case 7:LCD_Clear(YELLOW);POINT_COLOR=BLUE;break;
        case 8:LCD_Clear(BRRED);POINT_COLOR=BROWN;break;
        case 9:LCD_Clear(GRAY);POINT_COLOR=LGRAY;break;
        case 10:LCD_Clear(LGRAY);POINT_COLOR=GRAY;break;
        case 11:LCD_Clear(BROWN);POINT_COLOR=BRRED;break;
    }
    LCD_ShowString(30, 40,210,24,24,"STM32F407");
    LCD_ShowString(30, 70,200,16,16,"TFT-LCD TEST");
    LCD_ShowString(30, 90,200,16,16,"Wuxi Huawen-Merke");
    LCD_ShowString(30,110,200,16,12,lcd_id);        //显示 LCD ID
    x++;
    if(x==12) x=0;
    delay_ms(1000);
}
}
```

11.11　RTC 实时时钟实验

-- Project：STM32F4_Examples\Ex11_RTC

-- ===== File：main.c =====

```c
#include "sys.h"
#include "delay.h"
#include "lcd.h"
#include "rtc.h"

int main(void)
{
    RTC_TimeTypeDef RTC_TimeStruct;
    RTC_DateTypeDef RTC_DateStruct;
    u8 tbuf[40], t = 0;
    NVIC_PriorityGroupConfig(NVIC_PriorityGroup_2);
                                                    //中断优先级分组 2
    delay_init(168);                                //初始化延时函数
    LCD_Init();                                     //初始化 LCD
    My_RTC_Init();                                  //初始化 RTC
    RTC_Set_WakeUp(RTC_WakeUpClock_CK_SPRE_16bits,0);
                                                    //WAKE-UP 中断
    POINT_COLOR = RED;
    LCD_ShowString(30,50,200,16,16,"STM32F407");
    LCD_ShowString(30,70,200,16,16,"RTC TEST");
    LCD_ShowString(30,90,200,16,16,"Wuxi Huawen-Merke");
    while(1) {
        t++;
        if((t%10)==0) {                             //每 100ms 更新一次显示数据
            RTC_GetTime(RTC_Format_BIN,&RTC_TimeStruct);
            sprintf(
                (char *)tbuf,
                "Time:%02d:%02d:%02d",
                RTC_TimeStruct.RTC_Hours,
                RTC_TimeStruct.RTC_Minutes,
                RTC_TimeStruct.RTC_Seconds
            );
```

```
            LCD_ShowString(30,140,210,16,16,tbuf);
            RTC_GetDate(RTC_Format_BIN, &RTC_DateStruct);
            sprintf(
                (char *)tbuf,
                "Date:20%02d-%02d-%02d",
                RTC_DateStruct.RTC_Year,
                RTC_DateStruct.RTC_Month,
                RTC_DateStruct.RTC_Date
            );
            LCD_ShowString(30,160,210,16,16,tbuf);
            sprintf(
                (char *)tbuf,
                "Week:%d",
                RTC_DateStruct.RTC_WeekDay
            );
            LCD_ShowString(30,180,210,16,16,tbuf);
        }
        delay_ms(10);
    }
}


-- ===== File:rtc.h =====
#ifndef __RTC_H
#define __RTC_H

#include "sys.h"
#include "stdio.h"

//RTC 初始化
u8 My_RTC_Init(void);
//RTC 时间设置
ErrorStatus RTC_Set_Time(u8 hour,u8 min,u8 sec,u8 ampm);
//RTC 日期设置
ErrorStatus RTC_Set_Date(u8 year,u8 month,u8 date,u8 week);
//设置闹钟时间(按星期闹铃,24 小时制)
void RTC_Set_AlarmA(u8 week,u8 hour,u8 min,u8 sec);
//周期性唤醒定时器设置
void RTC_Set_WakeUp(u32 wksel,u16 cnt);
```

```
#endif

-- ===== File:rtc.c =====
#include "rtc.h"
#include "led.h"
#include "delay.h"

NVIC_InitTypeDef NVIC_InitStructure;

//RTC 时间设置
//hour,min,sec:小时,分钟,秒钟
//ampm:@ RTC_AM_PM_Definitions: RTC_H12_AM/RTC_H12_PM
//返回值:SUCEE(1),成功 ERROR(0),进入初始化模式失败
ErrorStatus RTC_Set_Time(u8 hour,u8 min,u8 sec,u8 ampm)
{
    RTC_TimeTypeDef RTC_TimeTypeInitStructure;
    RTC_TimeTypeInitStructure.RTC_Hours =hour;
    RTC_TimeTypeInitStructure.RTC_Minutes =min;
    RTC_TimeTypeInitStructure.RTC_Seconds =sec;
    RTC_TimeTypeInitStructure.RTC_H12 =ampm;
    return RTC_SetTime(RTC_Format_BIN,&RTC_TimeTypeInitStruc-
    ture);
}


//RTC 日期设置
//year,month,date:年(0~99),月(1~12),日(0~31)
//week:星期(1~7,0,非法!)
//返回值:SUCEE(1),成功 ERROR(0),进入初始化模式失败
ErrorStatus RTC_Set_Date(u8 year,u8 month,u8 date,u8 week)
{
    RTC_DateTypeDef RTC_DateTypeInitStructure;
    RTC_DateTypeInitStructure.RTC_Date =date;
    RTC_DateTypeInitStructure.RTC_Month =month;
    RTC_DateTypeInitStructure.RTC_WeekDay =week;
    RTC_DateTypeInitStructure.RTC_Year =year;
    return RTC_SetDate(RTC_Format_BIN,&RTC_DateTypeInitStruc-
    ture);
```

```
}


//RTC 初始化
//返回值:0,初始化成功 1,LSE 开启失败 2,进入初始化模式失败
u8 My_RTC_Init(void)
{
    RTC_InitTypeDef RTC_InitStructure;
    u16 retry = 0x1FFF;
    RCC_APB1PeriphClockCmd(RCC_APB1Periph_PWR, ENABLE);
    PWR_BackupAccessCmd(ENABLE);                    //使能后备寄存器访问
    if(RTC_ReadBackupRegister(RTC_BKP_DR0)! =0x5050) {
                                                    //首次配置?
        RCC_LSEConfig(RCC_LSE_ON);              //LSE 开启
        while (RCC_GetFlagStatus(RCC_FLAG_LSERDY) = = RESET)
        {               //检查指定的 RCC 标志位设置与否,等待低速晶振就绪
            retry++;
            delay_ms(10);
        }
        if(retry = =0) return 1;                    //LSE 开启失败
        RCC_RTCCLKConfig(RCC_RTCCLKSource_LSE);   //设置 RTC 时钟
        RCC_RTCCLKCmd(ENABLE);                      //使能 RTC 时钟
        RTC_InitStructure.RTC_AsynchPrediv = 0x7F;
                                                    //RTC 异步分频系数
        RTC_InitStructure.RTC_SynchPrediv = 0xFF;
                                                    //RTC 同步分频系数
        RTC_InitStructure.RTC_HourFormat =RTC_HourFormat_24;
                                                    //24 时制
        RTC_Init(&RTC_InitStructure);
        RTC_Set_Time(23,59,56,RTC_H12_AM);      //设置时间
        RTC_Set_Date(14,5,5,1);                     //设置日期
        RTC_WriteBackupRegister(RTC_BKP_DR0,0x5050);
                                                    //标记已初始化
    }
    return 0;
}


//设置闹钟时间(按星期闹铃,24 小时制)
//week:星期几(1~7) @ ref   RTC_Alarm_Definitions
```

```
//hour,min,sec:小时,分钟,秒钟
void RTC_Set_AlarmA(u8 week,u8 hour,u8 min,u8 sec)
{
    EXTI_InitTypeDef EXTI_InitStructure;
    RTC_AlarmTypeDef RTC_AlarmTypeInitStructure;
    RTC_TimeTypeDef RTC_TimeTypeInitStructure;
    RTC_AlarmCmd(RTC_Alarm_A,DISABLE);                    //关闭闹钟 A
    RTC_TimeTypeInitStructure.RTC_Hours = hour;           //小时
    RTC_TimeTypeInitStructure.RTC_Minutes = min;          //分钟
    RTC_TimeTypeInitStructure.RTC_Seconds = sec;          //秒
    RTC_TimeTypeInitStructure.RTC_H12 = RTC_H12_AM;
    RTC_AlarmTypeInitStructure.RTC_AlarmDateWeekDay = week;   //星期
        //按星期闹
    RTC_AlarmTypeInitStructure.RTC_AlarmDateWeekDaySel = RTC_
        AlarmDateWeekDaySel_WeekDay;
        //精确匹配星期,时分秒
    RTC_AlarmTypeInitStructure.RTC_AlarmMask = RTC_AlarmMask_
None;
    RTC_AlarmTypeInitStructure.RTC_AlarmTime = RTC_TimeTypeInit-
Structure;
    RTC_SetAlarm(RTC_Format_BIN,RTC_Alarm_A,&RTC_AlarmTypeIn-
itStructure);
    RTC_ClearITPendingBit(RTC_IT_ALRA);        //清除 RTC 闹钟 A 的标志
    EXTI_ClearITPendingBit(EXTI_Line17);
                                //清除 LINE17 上的中断标志位
    RTC_ITConfig(RTC_IT_ALRA,ENABLE);              //开启闹钟 A 中断
    RTC_AlarmCmd(RTC_Alarm_A,ENABLE);              //开启闹钟 A
    EXTI_InitStructure.EXTI_Line = EXTI_Line17;//LINE17
    EXTI_InitStructure.EXTI_Mode = EXTI_Mode_Interrupt;
                                //中断事件
    EXTI_InitStructure.EXTI_Trigger = EXTI_Trigger_Rising;
                                //上升沿触发
    EXTI_InitStructure.EXTI_LineCmd = ENABLE;        //使能 LINE17
    EXTI_Init(&EXTI_InitStructure);                   //配置
    NVIC_InitStructure.NVIC_IRQChannel = RTC_Alarm_IRQn;
    NVIC_InitStructure.NVIC_IRQChannelPreemptionPriority = 0x02;
                                //优先级 1
    NVIC_InitStructure.NVIC_IRQChannelSubPriority = 0x02;
```

```
                                                          //子优先级 2
    NVIC_InitStructure.NVIC_IRQChannelCmd = ENABLE;
                                                //使能外部中断通道
    NVIC_Init(&NVIC_InitStructure);             //配置
}


//周期性唤醒定时器设置
//wksel: @ ref RTC_Wakeup_Timer_Definitions
//cnt:自动重装载值减到 0,产生中断
void RTC_Set_WakeUp(u32 wksel,u16 cnt)
{
    EXTI_InitTypeDef EXTI_InitStructure;
    RTC_WakeUpCmd(DISABLE);                      //关闭 WAKE UP
    RTC_WakeUpClockConfig(wksel);                //唤醒时钟选择
    RTC_SetWakeUpCounter(cnt);            //设置 WAKE UP 自动重装载寄存器
    RTC_ClearITPendingBit(RTC_IT_WUT);        //清除 RTC WAKE UP 的标志
    EXTI_ClearITPendingBit(EXTI_Line22);
                                          //清除 LINE22 上的中断标志位
    RTC_ITConfig(RTC_IT_WUT,ENABLE);     //开启 WAKE UP 定时器中断
    RTC_WakeUpCmd( ENABLE);              //开启 WAKE UP 定时器
    EXTI_InitStructure.EXTI_Line = EXTI_Line22;          //LINE22
    EXTI_InitStructure.EXTI_Mode = EXTI_Mode_Interrupt;
                                                      //中断事件
    EXTI_InitStructure.EXTI_Trigger=EXTI_Trigger_Rising;
                                                //上升沿触发
    EXTI_InitStructure.EXTI_LineCmd = ENABLE;         //使能 LINE22
    EXTI_Init(&EXTI_InitStructure);             //配置
    NVIC_InitStructure.NVIC_IRQChannel = RTC_WKUP_IRQn;
    NVIC_InitStructure.NVIC_IRQChannelPreemptionPriority=0x02;
                                                //优先级 1
    NVIC_InitStructure.NVIC_IRQChannelSubPriority = 0x02;
                                                //子优先级 2
    NVIC_InitStructure.NVIC_IRQChannelCmd = ENABLE;
                                              //使能外部中断通道
    NVIC_Init(&NVIC_InitStructure);             //配置
}


//RTC 闹钟中断服务函数
```

```
void RTC_Alarm_IRQHandler(void)
{
    if(RTC_GetFlagStatus(RTC_FLAG_ALRAF)==SET){  //ALARM A 中断？
        RTC_ClearFlag(RTC_FLAG_ALRAF);              //清除中断标志
        printf("ALARM A! \r\n");
    }
    EXTI_ClearITPendingBit(EXTI_Line17);  //清除中断线 17 的中断标志
}


//RTC WAKE UP 中断服务函数
void RTC_WKUP_IRQHandler(void)
{
    if(RTC_GetFlagStatus(RTC_FLAG_WUTF)==SET)      //WK_UP 中断？
        RTC_ClearFlag(RTC_FLAG_WUTF);                //清除中断标志
    EXTI_ClearITPendingBit(EXTI_Line22);   //清除中断线 22 的中断标志
}
```

11.12　待机与唤醒实验

-- Project：STM32F4_Examples\Ex13_WKUP

-- =====File：main.c =====

```
#include "sys.h"
#include "delay.h"
#include "led.h"
#include "lcd.h"
#include "wkup.h"

int main(void)
{
    //设置系统中断优先级分组 2
    NVIC_PriorityGroupConfig(NVIC_PriorityGroup_2);
    delay_init(168);            //初始化延时函数
    LED_Init();                 //初始化 LED
    WKUP_Init();                //待机唤醒初始化
    LCD_Init();                 //液晶初始化
    POINT_COLOR = RED;
    LCD_ShowString(30,50,200,16,16,"STM32F407");
```

```
        LCD_ShowString(30,70,200,16,16,"WKUP TEST");
        LCD_ShowString(30,90,200,16,16,"Wuxi Huawen-Merke");
        LCD_ShowString(30,130,200,16,16,"WK_UP:Stanby/WK_UP");
        while(1) {
            LED0 = ! LED0;
            delay_ms(250);                  //延时 250ms
        }
}
```

-- = = = = = File：wkup.h = = = = =

```
#ifndef _WKUP_H
#define _WKUP_H

#include "sys.h"

#define WKUP_KD PAin(0)               //PA0 检测是否外部 WK_UP 按键按下

u8 Check_WKUP(void);                  //检测 WKUP 脚的信号
void WKUP_Init(void);                 //PA0 WKUP 唤醒初始化
void Sys_Enter_Standby(void);         //系统进入待机模式

#endif
```

-- = = = = = File：wkup.c = = = = =

```
#include "wkup.h"
#include "led.h"
#include "delay.h"

//系统进入待机模式
void Sys_Enter_Standby(void)
{
    //等待 WK_UP 按键松开(在有 RTC 中断时,必须等 WK_UP 松开再进入待机)
    while(WKUP_KD);
    RCC_AHB1PeriphResetCmd(0X04FF, ENABLE);      //复位所有 IO 口
    RCC_APB1PeriphClockCmd(RCC_APB1Periph_PWR,ENABLE);
                                                  //使能 PWR 时钟
    PWR_BackupAccessCmd(ENABLE);                  //后备区域访问使能
    //关闭 RTC 相关中断,可能在 RTC 实验打开了
```

```
RTC_ITConfig(RTC_IT_TS |RTC_IT_WUT |RTC_IT_ALRB |RTC_IT_ALRA,
DISABLE);
//清除 RTC 相关中断标志位
RTC_ClearITPendingBit(RTC_IT_TS |RTC_IT_WUT |RTC_IT_ALRB |RTC
_IT_ALRA);
PWR_ClearFlag(PWR_FLAG_WU);          //清除 Wake-up 标志
PWR WakeUpPinCmd(ENABLE);            //设置 WKUP 用于唤醒
PWR_EnterSTANDBYMode();              //进入待机模式
}


//检测 WKUP 脚的信号(返回值:1-连续按下 3s 以上, 0:错误的触发)
u8 Check_WKUP(void)
{
    u8 t = 0;
    u8 tx = 0;                       //记录松开的次数
    LED0 = 0;                        //亮灯 DS0
    while(1) {
        if(WKUP_KD) {                //已经按下了
            t++;
            tx = 0;
        }
        else {
            tx++;
            if(tx > 3) {             //超过 90ms 内没有 WKUP 信号
                LED0 = 1;
                return 0;            //错误的按键,按下次数不够
            }
        }
        delay_ms(30);
        if(t >= 100) {               //按下超过 3 秒钟
            LED0 = 0;                //点亮 DS0
            return 1;                //按下 3s 以上了
        }
    }
}


//中断,检测到 PA0 脚的一个上升沿
//中断线 0 线上的中断检测
```

```
void EXTI0_IRQHandler(void)
{
    EXTI_ClearITPendingBit(EXTI_Line0);
                                            //清除LINE10上的中断标志位
    if(Check_WKUP())                        //关机?
        Sys_Enter_Standby();                //进入待机模式
}


//PA0 WKUP 唤醒初始化
void WKUP_Init(void)
{
    GPIO_InitTypeDef GPIO_InitStructure;
    NVIC_InitTypeDef NVIC_InitStructure;
    EXTI_InitTypeDef EXTI_InitStructure;

    //使能GPIOA时钟
    RCC_AHB1PeriphClockCmd(RCC_AHB1Periph_GPIOA, ENABLE);
    //使能SYSCFG时钟
    RCC_APB2PeriphClockCmd(RCC_APB2Periph_SYSCFG, ENABLE);
    GPIO_InitStructure.GPIO_Pin = GPIO_Pin_0;           //PA0
    GPIO_InitStructure.GPIO_Mode = GPIO_Mode_IN;        //输入模式
    GPIO_InitStructure.GPIO_OType = GPIO_OType_OD;
    GPIO_InitStructure.GPIO_Speed = GPIO_Speed_100MHz;
    GPIO_InitStructure.GPIO_PuPd = GPIO_PuPd_DOWN;      //下拉
    GPIO_Init(GPIOA, &GPIO_InitStructure);             //初始化
    //检查是否是正常开机
    if(Check_WKUP()==0)
        Sys_Enter_Standby();                //不是开机,进入待机模式

    //PA0连接到中断线0
    SYSCFG_EXTILineConfig(EXTI_PortSourceGPIOA, EXTI_PinSource0);

    EXTI_InitStructure.EXTI_Line = EXTI_Line0;          //LINE0
    EXTI_InitStructure.EXTI_Mode = EXTI_Mode_Interrupt;
                                                        //中断事件
    EXTI_InitStructure.EXTI_Trigger=EXTI_Trigger_Rising;
                                                        //上升沿触发
    EXTI_InitStructure.EXTI_LineCmd = ENABLE;           //使能LINE0
```

```
    EXTI_Init(&EXTI_InitStructure);                       //配置

    NVIC_InitStructure.NVIC_IRQChannel = EXTI0_IRQn;     //外部中断 0
    NVIC_InitStructure.NVIC_IRQChannelPreemptionPriority = 0x02;
                                                         //优先级 2
    NVIC_InitStructure.NVIC_IRQChannelSubPriority = 0x02;
                                                         //子优先级 2
    NVIC_InitStructure.NVIC_IRQChannelCmd = ENABLE;
                                                         //使能外部中断通道
    NVIC_Init(&NVIC_InitStructure);                       //配置 NVIC
}
```

11.13　ADC 模数转换实验

```
-- Project：STM32F4_Examples\Ex14_ADC
#include "sys.h"
#include "delay.h"
#include "lcd.h"
#include "adc.h"

int main(void)
{
    u16 adcx;
    float temp;
    //设置系统中断优先级分组 2
    NVIC_PriorityGroupConfig(NVIC_PriorityGroup_2);
    delay_init(168);                         //初始化延时函数
    LCD_Init();                              //初始化 LCD 接口
    Adc_Init();                              //初始化 ADC
    POINT_COLOR = RED;
    LCD_ShowString(30,50,200,16,16,"STM32F407");
    LCD_ShowString(30,70,200,16,16,"ADC TEST");
    LCD_ShowString(30,90,200,16,16,"Wuxi Huawen-Merke");
    POINT_COLOR = BLUE;                      //设置字体为蓝色
    LCD_ShowString(30,130,200,16,16,"ADC1_CH5_VAL:");
    LCD_ShowString(30,150,200,16,16,"ADC1_CH5_VOL:0.000V");
                                             //小数点
    while(1) {
```

```
        adcx=Get_Adc_Average(ADC_Channel_5,20);
                                        //通道 5 的 20 次平均值
        LCD_ShowxNum(134,130,adcx,4,16,0);
                                        //显示 ADCC 采样后的原始值
        temp=(float)adcx*(3.3/4096);
                                        //获取计算后的带小数的实际电压值
        adcx=temp;        //赋值整数部分给 adcx 变量,因为 adcx 为 u16 整形
        LCD_ShowxNum(134,150,adcx,1,16,0);        //显示电压值的整数部分
        temp-=adcx;                //把已经显示的整数部分去掉,留下小数部分
        temp*=1000;                                //保留三位小数
        LCD_ShowxNum(150,150,temp,3,16,0x80);        //显示小数部分
        delay_ms(250);
    }
}
```

11.14　DMA 控制器实验

-- Project：STM32F4_Examples\Ex18_DMA

-- ===== File：main.c =====

```
#include "sys.h"
#include "delay.h"
#include "lcd.h"
#include "key.h"
#include "dma.h"

#define BUFFER_SIZE 26                          //发送数据长度
const u8 DMA_DATA[3][BUFFER_SIZE] = {           //用于测试 DMA 的数据
    "Hello STM32, hello DMA!",
    "ABCDEFGHIJKLMNOPQRSTUVWXYZ",
    "abcdefghijklmnopqrstuvwxyz"
};
u8 aSRC_Buf[BUFFER_SIZE];                        //源数据
u8 aDST_Buf[BUFFER_SIZE];                        //目标数据

int main(void)
{
    u8 key, i = 0, c;
```

```
//设置系统中断优先级分组 2
NVIC_PriorityGroupConfig(NVIC_PriorityGroup_2);
delay_init(168);                          //初始化延时函数
LCD_Init();                               //LCD 初始化
KEY_Init();                               //按键初始化
POINT_COLOR = RED;
LCD_ShowString(30,20,200,16,16,"STM32F407");
LCD_ShowString(30,40,200,16,16,"DMA TEST");
LCD_ShowString(30,60,200,16,16,"Wuxi Huawen-Merke");
LCD_ShowString(30,100,200,16,16,"KEY1：Start DMA transfer");
LCD_ShowString(30,120,200,16,16,"KEY0：Read memory data");
POINT_COLOR = BLUE;                       //设置字体为蓝色
while(1) {
    key = KEY_Scan(0);
    if(key == KEY1_PRES) {                //KEY1 按下启动 DMA 传送
        LCD_Fill(0,180,239,319,WHITE);    //清除半屏
          LCD _ ShowString ( 20, 180, 200, 16, 16," Source data
          for DMA:");
        for(c=0; c<BUFFER_SIZE; c++)
            aSRC_Buf[c] = DMA_DATA[i][c];     //准备发送的数据
        if(i < 2) i++;
        else i = 0;
        LCD_ShowString(20,200,208,16,16,aSRC_Buf);
                                          //显示源数据
        MYDMA_Config(
            DMA2_Stream7,DMA_Channel_4,   //DMA2 STEAM7, CH4
            (u32)aSRC_Buf,(u32)aDST_Buf,  //源数据，目标数据
            BUFFER_SIZE                   //传输长度
        );
        MYDMA_Enable(DMA2_Stream7,BUFFER_SIZE);//开始 DMA 传输
        //等待 DMA 传输完成,在传输期间,可以执行其他的任务
        while(1) {
            //等待 DMA2_Steam7 传输完成
              if( DMA _GetFlagStatus ( DMA2 _Stream7, DMA _FLAG _
              TCIF7)! =
                RESET) {                  //清除 DMA2_Steam7 传输完成标志
                DMA_ClearFlag(DMA2_Stream7,DMA_FLAG_TCIF7);
```

```
                    break;
                }
            }
        }
        if(key == KEY0_PRES) {              //KEY0 按下读出数据验证正确性
            LCD_ShowString(20,240,200,16,16,"Destination memory
            data:");
            LCD_ShowString(20,260,208,16,16,aDST_Buf);
                                                    //显示目标数据
        }
        delay_ms(10);
    }
}


-- ===== File：dma.h =====
#ifndef_DMA_H
#define_DMA_H
#include "sys.h"
void MYDMA_Config(DMA_Stream_TypeDef * DMA_Streamx,
u32 chx,u32 par,u32 mar,u16 ndtr);              //配置 DMAx_CHx
void MYDMA_Enable(DMA_Stream_TypeDef * DMA_Streamx,
u16 ndtr);                                      //使能一次 DMA 传输
#endif


-- ===== File：dma.c =====
#include "dma.h"
#include "delay.h"


//DMAx 的各通道配置
//这里的传输形式是固定的,这点要根据不同的情况来修改
//从存储器->外设模式 /8 位数据宽度/存储器增量模式
//DMA_Streamx:DMA 数据流,DMA1_Stream0～7/DMA2_Stream0～7
//chx:DMA 通道选择,@ ref DMA_channel DMA_Channel_0～DMA_Channel_7
//par:外设地址
//mar:存储器地址
//ndtr:数据传输量
void MYDMA_Config(DMA_Stream_TypeDef * DMA_Streamx,
    u32 chx,u32 par,u32 mar,u16 ndtr) {
```

```
    DMA_InitTypeDef DMA_InitStructure;
    if((u32)DMA_Streamx > (u32)DMA2)
                              //判断当前 stream 属于 DMA2 还是 DMA1
        RCC_AHB1PeriphClockCmd(RCC_AHB1Periph_DMA2,ENABLE);
    else
        RCC_AHB1PeriphClockCmd(RCC_AHB1Periph_DMA1,ENABLE);
    DMA_DeInit(DMA_Streamx);
    while(DMA_GetCmdStatus(DMA_Streamx) ! = DISABLE);
                                          //等待 DMA 可配置


    //配置 DMA Stream
    DMA_InitStructure.DMA_Channel = chx;          //通道选择
    DMA_InitStructure.DMA_PeripheralBaseAddr = par;//DMA 外设地址
    DMA_InitStructure.DMA_Memory0BaseAddr = mar;
                                          //DMA 存储器 0 地址
    DMA_InitStructure.DMA_DIR = DMA_DIR_MemoryToMemory;
                                              //内存到内存
    DMA_InitStructure.DMA_BufferSize = ndtr;      //数据传输量
    DMA_InitStructure.DMA_PeripheralInc = DMA_PeripheralInc_Enable;
    DMA_InitStructure.DMA_MemoryInc = DMA_MemoryInc_Enable;
    DMA_InitStructure.DMA_PeripheralDataSize = DMA_Peripheral-
    DataSize_Byte;
    DMA_InitStructure.DMA_MemoryDataSize = DMA_MemoryDataSize_
    Byte;
    DMA_InitStructure.DMA_Mode = DMA_Mode_Normal;   //使用普通模式
    DMA_InitStructure.DMA_Priority = DMA_Priority_Medium;
                                              //中等优先级
    DMA_InitStructure.DMA_FIFOMode = DMA_FIFOMode_Disable;
    DMA_InitStructure.DMA_FIFOThreshold = DMA_FIFOThreshold_Full;
    DMA_InitStructure.DMA_MemoryBurst = DMA_MemoryBurst_Single;
    DMA_InitStructure.DMA_PeripheralBurst = DMA_PeripheralBurst_
    Single;
    DMA_Init(DMA_Streamx, &DMA_InitStructure);//初始化 DMA Stream
}
//开启一次 DMA 传输
//DMA_Streamx:DMA 数据流,DMA1_Stream0 ~ 7/DMA2_Stream0 ~ 7
//ndtr:数据传输量
void MYDMA_Enable(DMA_Stream_TypeDef * DMA_Streamx,u16 ndtr)
```

```
{
    DMA_Cmd(DMA_Streamx, DISABLE);                              //关闭 DMA 传输
    while(DMA_GetCmdStatus(DMA_Streamx)! =DISABLE);
                                                                //确保 DMA 可被设置
    DMA_SetCurrDataCounter(DMA_Streamx,ndtr);       //数据传输量
    DMA_Cmd(DMA_Streamx, ENABLE);                           //开启 DMA 传输
}
```

11.15 IIC 总线实验——24C02 读写

```
-- Project：STM32F4_Examples\Ex19_IIC
#include "sys.h"
#include "delay.h"
#include "lcd.h"
#include "24cxx.h"
#include "key.h"

#define SIZE 26

const u8 aSRC_Buf[3][SIZE] = {                          //要写入 24C02 的测试数据
    "Hello STM32, hello IIC!",
    "ABCDEFGHIJKLMNOPQRSTUVWXYZ",
    "abcdefghijklmnopqrstuvwxyz"
};

int main(void)
{
    u8 key, i = 0;
    u8 datatemp[SIZE];
    //设置系统中断优先级分组 2
    NVIC_PriorityGroupConfig(NVIC_PriorityGroup_2);
    delay_init(168);                                       //初始化延时函数
    LCD_Init();                                             //LCD 初始化
    KEY_Init();                                             //按键初始化
    AT24CXX_Init();                                         //IIC 初始化
    POINT_COLOR = RED;
    LCD_ShowString(30,20,200,16,16,"STM3407");
    LCD_ShowString(30,40,200,16,16,"IIC TEST: 24C02");
```

```
LCD_ShowString(30,60,200,16,16,"Wuxi Huawen-Merke");
LCD_ShowString(30,100,200,16,16,"KEY1:Write  KEY0:Read");
while(AT24CXX_Check()) {                       //检测不到24C02
    LCD_ShowString(30,140,200,16,16,"24C02 check failed!");
    delay_ms(500);
    LCD_ShowString(30,140,200,16,16,"Please check!        ");
    delay_ms(500);
}
LCD_ShowString(30,140,200,16,16,"24C02 is ready!");
POINT_COLOR = BLUE;                            //设置字体为蓝色
while(1) {
    key = KEY_Scan(0);
    if(key == KEY1_PRES) {                     //KEY1 按下, 写入 24C02
        LCD_Fill(0,180,239,319,WHITE);     //清除半屏
            LCD_ShowString ( 20, 180, 200, 16, 16," Data written
            to 24C02:");
        LCD_ShowString(20,200,208,16,16,(u8 *)aSRC_Buf[i]);
        AT24CXX_Write(0,(u8 *)aSRC_Buf[i],SIZE);
        if(i<2) i++;
        else i = 0;
    }
    if(key == KEY0_PRES) {                  //KEY0 按下, 读取字符串并显示
            LCD_ShowString ( 20, 240, 200, 16, 16," Read data
            from 24C02:");
        AT24CXX_Read(0,datatemp,SIZE);
        LCD_ShowString(20,260,208,16,16,datatemp);
                                        //显示读出内容
    }
    delay_ms(10);
}
}
```

11.16　SPI 总线实验——W25Q128 读写

```
-- Project: STM32F4_Examples\Ex20_SPI
#include "sys.h"
#include "delay.h"
#include "lcd.h"
```

```
#include "spi.h"
#include "w25qxx.h"
#include "key.h"

#define SIZE 26
const u8 aSRC_Buf[3][SIZE] = {                    //要写入 W25Q16 的数据
    "Hello STM32, hello SPI!",
    "ABCDEFGHIJKLMNOPQRSTUVWXYZ",
    "abcdefghijklmnopqrstuvwxyz"
};

int main(void)
{
    u8 key, i = 0, datatemp[SIZE];
    u32 FLASH_SIZE;
    //设置系统中断优先级分组 2
    NVIC_PriorityGroupConfig(NVIC_PriorityGroup_2);
    delay_init(168);                              //初始化延时函数
    LCD_Init();                                   //LCD 初始化
    KEY_Init();                                   //按键初始化
    W25QXX_Init();                                //W25QXX 初始化
    POINT_COLOR = RED;
    LCD_ShowString(30,20,200,16,16,"STM32F407");
    LCD_ShowString(30,40,200,16,16,"SPI TEST: W25Q128");
    LCD_ShowString(30,60,200,16,16,"Wuxi Huawen-Merke");
    LCD_ShowString(30,100,200,16,16,"KEY1:Write  KEY0:Read");
    while(W25QXX_ReadID()! =W25Q128) {            //检测不到 W25Q128
        LCD_ShowString(30,140,200,16,16,"W25Q128 check failed!");
        delay_ms(500);
        LCD_ShowString(30,140,200,16,16,"Please check!        ");
        delay_ms(500);
    }
    LCD_ShowString(30,140,200,16,16,"W25Q128 ready!");
    FLASH_SIZE = 16 * 1024 * 1024;                //FLASH 大小为 16 字节
    POINT_COLOR = BLUE;                           //设置字体为蓝色
    while(1) {
        key = KEY_Scan(0);
        if(key = =KEY1_PRES) {                    //KEY1 按下,写入 W25Q128
```

```
        LCD_Fill(0,180,239,319,WHITE);                    //清除半屏
          LCD _ ShowString ( 20, 180, 200, 16, 16,"Data written
            to W25Q128:");
        LCD_ShowString(20,200,208,16,16,(u8 *)aSRC_Buf[i]);
        W25QXX_Write((u8 *)aSRC_Buf[i],FLASH_SIZE-100,SIZE);
        if(i<2) i++;
        else i=0;
    }
    if(key==KEY0_PRES){                    //KEY0 按下,读取字符串并显示
        LCD _ ShowString ( 20, 240, 200, 16, 16," Read data
          from W25Q128:");
        W25QXX_Read(datatemp,FLASH_SIZE-100,SIZE);
        LCD_ShowString(20,260,208,16,16,datatemp);
    }
    delay_ms(10);
  }
}
```

11.17 触摸屏实验

-- Project：STM32F4_Examples\Ex21_TOUCH

```
#include "sys.h"
#include "delay.h"
#include "lcd.h"
#include "key.h"
#include "touch.h"


//清空屏幕并在右上角显示"RST"
void Load_Drow_Dialog(void)
{
    LCD_Clear(WHITE);                         //清屏
    POINT_COLOR=BLUE;                         //设置字体为蓝色
    LCD_ShowString(lcddev.width-24,0,200,16,16,"CLS");
                                              //显示清屏区域
    POINT_COLOR=RED;                          //设置画笔蓝色
}


//画水平线 ---- x0,y0:坐标 len:线长度 color:颜色
```

```
void gui_draw_hline(u16 x0,u16 y0,u16 len,u16 color) {
    if(len==0) return;
    LCD_Fill(x0,y0,x0+len-1,y0,color);
}
//画实心圆
//x0,y0:坐标 r:半径 color:颜色
void gui_fill_circle(u16 x0,u16 y0,u16 r,u16 color)
{
    u32 i;
    u32 imax = ((u32)r*707)/1000+1;
    u32 sqmax = (u32)r*(u32)r+(u32)r/2;
    u32 x=r;
    gui_draw_hline(x0-r,y0,2*r,color);
    for(i=1; i<=imax; i++) {
        if((i*i+x*x)>sqmax) {                          //画线超屏幕区域
            if (x>imax) {
                gui_draw_hline (x0-i+1,y0+x,2*(i-1),color);
                gui_draw_hline (x0-i+1,y0-x,2*(i-1),color);
            }
            x--;
        }
        //在屏幕区域(中心)画线
        gui_draw_hline(x0-x,y0+i,2*x,color);
        gui_draw_hline(x0-x,y0-i,2*x,color);
    }
}


//两个数之差的绝对值
//x1,x2:需取差值的两个数
//返回值: |x1-x2 |
u16 my_abs(u16 x1,u16 x2)
{
    if(x1>x2) return x1-x2;
    else return x2-x1;
}


//画一条粗线
//(x1,y1),(x2,y2):线条的起始坐标
```

```
//size:线条的粗细程度 color:线条的颜色
void lcd_draw_bline(u16 x1, u16 y1, u16 x2, u16 y2,u8 size,u16 color)
{
    u16 t;
    int xerr=0,yerr=0,delta_x,delta_y,distance,incx,incy,uRow,
uCol;
    if(x1<size ||x2<size ||y1<size ||y2<size) return;
    delta_x = x2 - x1;                        //计算坐标增量
    delta_y = y2 - y1;
    uRow = x1;
    uCol = y1;
    if(delta_x>0)
        incx=1;                               //设置单步方向
    else if(delta_x==0)
        incx=0;                               //垂直线
    else {
        incx=-1;
        delta_x=-delta_x;
    }
    if(delta_y>0)
        incy=1;
    else if(delta_y==0)
        incy=0;                               //水平线
    else {
        incy=-1;
        delta_y=-delta_y;
    }
    if(delta_x>delta_y)
        distance=delta_x;                     //选取基本增量坐标轴
    else
        distance=delta_y;
    for(t=0; t<=distance+1; t++) {            //画线输出
        gui_fill_circle(uRow,uCol,size,color);    //画点
        xerr+=delta_x;
        yerr+=delta_y;
        if(xerr>distance) {
            xerr-=distance;
            uRow+=incx;
```

```
        }
        if(yerr>distance) {
            yerr-=distance;
            uCol+=incy;
        }
    }
}


//电阻触摸屏测试函数
void rtp_test(void)
{
    u8 key;
    while(1) {
        key=KEY_Scan(0);
        tp_dev.scan(0);
        if(tp_dev.sta&TP_PRES_DOWN) {          //触摸屏被按下
            if(tp_dev.x[0]<lcddev.width&&tp_dev.y[0]<lcddev.height){
                if(tp_dev.x[0]>(lcddev.width-24)&&tp_dev.y[0]<16)
                    Load_Drow_Dialog();     //清除
                else
                    TP_Draw_Big_Point(tp_dev.x[0],tp_dev.y[0],
                    RED);

                                            //画图

            }
        }
        else
            delay_ms(10);                   //没有按键按下的时候
        if(key==KEY0_PRES) {                //KEY0按下,则执行校准程序
            LCD_Clear(WHITE);               //清屏
            TP_Adjust();                    //屏幕校准
            TP_Save_Adjdata();
            Load_Drow_Dialog();
        }
    }
}
int main(void)
{
    //设置系统中断优先级分组2
```

```
    NVIC_PriorityGroupConfig(NVIC_PriorityGroup_2);
    delay_init(168);                    //初始化延时函数
    LCD_Init();                         //LCD 初始化
    KEY_Init();                         //按键初始化
    tp_dev.init();                      //触摸屏初始化
    POINT_COLOR=RED;                    //设置字体为红色
    LCD_ShowString(30,50,200,16,16,"STM32F407");
    LCD_ShowString(30,70,200,16,16,"TOUCH TEST");
    LCD_ShowString(30,90,200,16,16,"Wuxi Huawen-Merke");
    if(tp_dev.touchtype! =0xFF)
        LCD_ShowString(30,130,200,16,16,"Press KEY0 to Adjust");
    delay_ms(1500);
    Load_Drow_Dialog();
    rtp_test();                         //电阻屏测试
}
```

11.18　红外遥控实验

-- Project：STM32F4_Examples\Ex22_REMOTE

-- =====File：main.c =====

```
#include "sys.h"
#include "delay.h"
#include "lcd.h"
#include "remote.h"

int main(void)
{
    u8 key, *str=0;
    //设置系统中断优先级分组 2
    NVIC_PriorityGroupConfig(NVIC_PriorityGroup_2);
    delay_init(168);                    //初始化延时函数
    LCD_Init();
    Remote_Init();                      //红外接收初始化
    POINT_COLOR=RED;                    //设置字体为红色
    LCD_ShowString(30,50,200,16,16,"STM32F407");
    LCD_ShowString(30,70,200,16,16,"REMOTE TEST");
    LCD_ShowString(30,90,200,16,16,"Wuxi Huawen-Merke");
```

```
        LCD_ShowString(30,110,200,16,16,"PA8 ---- IRD(PESER)");
        LCD_ShowString(30,130,200,16,16,"KEYVAL:");
        LCD_ShowString(30,150,200,16,16,"KEYCNT:");
        LCD_ShowString(30,170,200,16,16,"SYMBOL:");

        while(1) {
            key=Remote_Scan();
            if(key) {
                LCD_ShowNum(86,130,key,3,16);              //显示键值
                LCD_ShowNum(86,150,RmtCnt,3,16);           //显示按键次数
                switch(key) {
                    case 0:str = "ERROR";break;
                    case 162:str = "CH-";break;
                    case 98:str = "CH";break;
                    case 2:str = ">>|";break;
                    case 226:str = "CH+";break;
                    case 194:str = ">||";break;
                    case 34:str = "|<<";break;
                    case 224:str = "-";break;
                    case 168:str = "+";break;
                    case 144:str = "EQ";break;
                    case 104:str = "0";break;
                    case 152:str = "100+";break;
                    case 176:str = "200+";break;
                    case 48:str = "1";break;
                    case 24:str = "2";break;
                    case 122:str = "3";break;
                    case 16:str = "4";break;
                    case 56:str = "5";break;
                    case 90:str = "6";break;
                    case 66:str = "7";break;
                    case 74:str = "8";break;
                    case 82:str = "9";break;
                }
                LCD_Fill(86,170,116+8*8,170+16,WHITE);     //清除之前的显示
                LCD_ShowString(86,170,200,16,16,str);      //显示 SYMBOL
            }
            else
```

```
        delay_ms(10);
    }
}
```

-- ===== File：remote.h =====

```
#ifndef __RED_H
#dcfine __RED_H
#include "sys h"

#define RDATA PAin(8)                      //红外数据输入脚
#define REMOTE_ID 0                        //遥控器识别码

extern u8 RmtCnt;                          //按键按下的次数
void Remote_Init(void);                    //红外传感器接收头引脚初始化
u8 Remote_Scan(void);                      //处理红外键盘
#endif
```

-- ===== File：remote.c =====

```
#include "remote h"
#include "delay h"
//红外遥控初始化:设置 IO 以及 TIM2_CH1 的输入捕获
void Remote_Init(void)
{
    GPIO_InitTypeDef GPIO_InitStructure;
    NVIC_InitTypeDef NVIC_InitStructure;

    TIM_TimeBaseInitTypeDef TIM_TimeBaseStructure;
    TIM_ICInitTypeDef TIM1_ICInitStructure;

    RCC_AHB1PeriphClockCmd(RCC_AHB1Periph_GPIOA, ENABLE);
    RCC APB2PeriphClockCmd(RCC_APB2Periph_TIM1, ENABLE);

    //PA8 复用功能,上拉
    GPIO_InitStructure.GPIO_Pin = GPIO_Pin_8;
    GPIO_InitStructure.GPIO_Mode = GPIO_Mode_AF;        //复用功能
    GPIO_InitStructure.GPIO_OType = GPIO_OType_PP;      //推挽输出
    GPIO_InitStructure.GPIO_Speed = GPIO_Speed_100MHz;  //100MHz
    GPIO_InitStructure.GPIO_PuPd = GPIO_PuPd_UP;        //上拉
```

```
    GPIO_Init(GPIOA, &GPIO_InitStructure);                    //初始化

    GPIO_PinAFConfig(GPIOA,GPIO_PinSource8,GPIO_AF_TIM1);

    TIM_TimeBaseStructure.TIM_Prescaler =167;
    TIM_TimeBaseStructure.TIM_CounterMode =TIM_CounterMode_Up;
    TIM_TimeBaseStructure.TIM_Period =10000;
    TIM_TimeBaseStructure.TIM_ClockDivision =TIM_CKD_DIV1;
    TIM_TimeBaseInit(TIM1,&TIM_TimeBaseStructure);

    //初始化 TIM2 输入捕获参数
    TIM1_ICInitStructure.TIM_Channel =TIM_Channel_1;
    TIM1_ICInitStructure.TIM_ICPolarity =TIM_ICPolarity_Rising;
    TIM1_ICInitStructure.TIM_ICSelection =TIM_ICSelection_DirectTI;
    TIM1_ICInitStructure.TIM_ICPrescaler =TIM_ICPSC_DIV1;
    TIM1_ICInitStructure.TIM_ICFilter = 0x03;
    TIM_ICInit(TIM1, &TIM1_ICInitStructure);

    TIM_ITConfig(TIM1,TIM_IT_Update |TIM_IT_CC1,ENABLE);
    TIM_Cmd(TIM1,ENABLE );                               //使能定时器1

    NVIC_InitStructure.NVIC_IRQChannel = TIM1_CC_IRQn;
    NVIC_InitStructure.NVIC_IRQChannelPreemptionPriority = 1;
    NVIC_InitStructure.NVIC_IRQChannelSubPriority = 3;
    NVIC_InitStructure.NVIC_IRQChannelCmd = ENABLE;//IRQ 通道使能
    NVIC_Init(&NVIC_InitStructure);                     //初始化 NVIC 寄存器

    NVIC_InitStructure.NVIC_IRQChannel = TIM1_UP_TIM10_IRQn;
    NVIC_InitStructure.NVIC_IRQChannelPreemptionPriority =1;
    NVIC_InitStructure.NVIC_IRQChannelSubPriority =2;
    NVIC_InitStructure.NVIC_IRQChannelCmd = ENABLE;//IRQ 通道使能
    NVIC_Init(&NVIC_InitStructure);                     //初始化 NVIC 寄存器
}

//遥控器接收状态
//[7]:收到了引导码标志
//[6]:得到了一个按键的所有信息
//[5]:保留
```

```
//[4]:标记上升沿是否已经被捕获
//[3:0]:溢出计时器
u8   RmtSta=0;
u16  Dval;                      //下降沿时计数器的值
u32  RmtRec=0;                  //红外接收到的数据
u8   RmtCnt=0;                  //按键按下的次数


//定时器 1 溢出中断
void TIM1_UP_TIM10_IRQHandler(void)
{
    if(TIM_GetITStatus(TIM1,TIM_IT_Update)==SET) {       //溢出中断
        if(RmtSta&0x80) {                //上次有数据被接收到了
            RmtSta&=~0X10;               //取消上升沿已经被捕获标记
            if((RmtSta&0X0F)==0X00)
                RmtSta|=1<<6;            //标记已经完成一次按键的键值信息采集
            if((RmtSta&0X0F)<14)
                RmtSta++;
            else {
                RmtSta&=~(1<<7);         //清空引导标识
                RmtSta&=0XF0;           //清空计数器
            }
        }
    }
    TIM_ClearITPendingBit(TIM1,TIM_IT_Update);   //清除中断标志位
}


//定时器 1 输入捕获中断服务程序
void TIM1_CC_IRQHandler(void)
{
    if(TIM_GetITStatus(TIM1,TIM_IT_CC1)==SET){
                                              //处理捕获(CC1IE)中断
        if(RDATA) {                           //上升沿捕获
            TIM_OC1PolarityConfig(TIM1,TIM_ICPolarity_Falling);
            TIM_SetCounter(TIM1,0);           //清空定时器值
            RmtSta|=0X10;                     //标记上升沿已被捕获
        }
        else {                                //下降沿捕获
            Dval=TIM_GetCapture1(TIM1);
```

```
                                          //读取 CCR1 也可以清 CC1IF 标志位
            TIM_OC1PolarityConfig(TIM1,TIM_ICPolarity_Rising);
            if(RmtSta&0X10) {              //完成一次高电平捕获
                if(RmtSta&0X80) {          //接收到了引导码
                    if(Dval>300&&Dval<800) {    //560 为标准值,560us
                        RmtRec<<=1;             //左移一位
                        RmtRec |=0;             //接收到 0
                    }
                    else if(Dval>1400&&Dval<1800) {
                        RmtRec<<=1;             //左移一位
                        RmtRec |=1;             //接收到 1
                    }
                    else if(Dval>2200&&Dval<2600) {
                        RmtCnt++;               //按键次数增加 1 次
                        RmtSta&=0XF0;           //清空计时器
                    }
                }
                else if(Dval>4200&&Dval<4700) {
                    RmtSta |=1<<7;             //标记成功接收到了引导码
                    RmtCnt=0;                  //清除按键次数计数器
                }
            }
            RmtSta&=~(1<<4);
        }
    }
    TIM_ClearITPendingBit(TIM1,TIM_IT_CC1);        //清除中断标志位
}


//处理红外键盘
//返回值:为 0,没有任何按键按下不为 0,按下的按键键值
u8 Remote_Scan(void)
{
    u8 t1, t2, sta=0;
    if(RmtSta&(1<<6)) {                        //得到一个按键的所有信息了
        t1=RmtRec>>24;                        //得到地址码
        t2=(RmtRec>>16)&0xff;                 //得到地址反码
        if((t1==(u8)~t2)&&t1==REMOTE_ID) {
                                              //检验遥控识别码(ID)及地址
```

```
            t1 = RmtRec>>8;
            t2 = RmtRec;
            if(t1 = = (u8)~t2)sta = t1;                //键值正确
        }
        if((sta = = 0)||((RmtSta&0X80)= = 0)){          //按键数据错误
            RmtSta &= ~(1<<6);                          //清除接收到有效按键标识
            RmtCnt = 0;                                 //清除按键次数计数器
        }
    }
    return sta;
}
```

11.19 DS18B20 数字温度传感器实验

-- Project：STM32F4_Examples\Ex23_DS18B20

-- = = = = = File：main.c = = = = =
```
#include "sys.h"
#include "delay.h"
#include "lcd.h"
#include "ds18b20.h"

int main(void)
{
    short temperature;
    NVIC_PriorityGroupConfig(NVIC_PriorityGroup_2);
                                            //设置系统中断优先级分组2
    delay_init(168);                        //初始化延时函数
    LCD_Init();
    POINT_COLOR = RED;                      //设置字体为红色
    LCD_ShowString(30,50,200,16,16,"STM32F407");
    LCD_ShowString(30,70,200,16,16,"DS18B20 TEST");
    LCD_ShowString(30,90,200,16,16,"Wuxi Huawen-Merke");
    LCD_ShowString(30,110,200,16,16,"PG9 ---- DQ(PESER)");
    while(DS18B20_Init()){                  //DS18B20 初始化
        LCD_ShowString(30,130,200,16,16,"DS18B20 Error");
        delay_ms(200);
        LCD_Fill(30,130,239,130+16,WHITE);
```

```
        delay_ms(200);
    }
    LCD_ShowString(30,130,200,16,16,"DS18B20 OK");
    POINT_COLOR=BLUE;                              //设置字体为蓝色
    LCD_ShowString(30,150,200,16,16,"Temp：   .C");
    while(1){
        temperature=DS18B20_Get_Temp();
        if(temperature < 0){
            LCD_ShowChar(30+40,150,'-',16,0);      //显示负号
            temperature=-temperature;              //转为正数
        }
        else
            LCD_ShowChar(30+40,150,' ',16,0);      //无负号
        LCD_ShowNum(30+40+8,150,temperature/10,2,16);   //整数部分
        LCD_ShowNum(30+40+32,150,temperature%10,1,16);  //小数部分
        delay_ms(1000);
    }
}


-- ===== File：ds18b20. h =====
#ifndef __DS18B20_H
#define __DS18B20_H
#include "sys.h"

#define DS18B20_IO_IN() {GPIOG->MODER& = ~(3<<(9 * 2)); \
GPIOG->MODER|=0<<9 * 2;}                        //PG9 输入模式
#define DS18B20_IO_OUT() {GPIOG->MODER& = ~(3<<(9 * 2)); \
GPIOG->MODER|=1<<9 * 2;}                        //PG9 输出模式
#define DS18B20_DQ_OUT PGout(9)                 //数据端口 PG9 输出
#define DS18B20_DQ_IN PGin(9)                   //数据端口 PG9 输入

u8 DS18B20_Init(void);                          //初始化 DS18B20
short DS18B20_Get_Temp(void);                   //获取温度
void DS18B20_Start(void);                       //开始温度转换
void DS18B20_Write_Byte(u8 dat);                //写入一个字节
u8 DS18B20_Read_Byte(void);                     //读出一个字节
u8 DS18B20_Read_Bit(void);                      //读出一个位
u8 DS18B20_Check(void);                         //检测是否存在 DS18B20
```

```c
void DS18B20_Rst(void);                    //复位 DS18B20
#endif
// = = = = = File：ds18b20.c = = = = =
#include "ds18b20.h"
#include "delay.h"

//复位 DS18B20
void DS18B20_Rst(void)
{
    DS18B20_IO_OUT();
    DS18B20_DQ_OUT = 0;
    delay_us(750);
    DS18B20_DQ_OUT = 1;
    delay_us(15);
}


//等待 DS18B20 的回应
//返回：1＝未检测到 DS18B200＝DS18B20 存在
u8 DS18B20_Check(void)
{
    u8 retry = 0;
    DS18B20_IO_IN();
    while(DS18B20_DQ_IN && retry < 200) {
        retry++;
        delay_us(1);
    }
    if(retry >= 200)
        return 1;
    else
        retry = 0;
    while(! DS18B20_DQ_IN && retry < 240) {
        retry++;
        delay_us(1);
    }
    if(retry >= 240) return 1;
    return 0;
}
```

```
//从 DS18B20 读取一个位
//返回值:1/0
u8 DS18B20_Read_Bit(void)
{
    u8 data;
    DS18B20_IO_OUT();
    DS18B20_DQ_OUT = 0;
    delay_us(2);
    DS18B20_DQ_OUT = 1;
    DS18B20_IO_IN();
    delay_us(12);
    if(DS18B20_DQ_IN) data = 1;
    else data = 0;
    delay_us(50);
    return data;
}
//从 DS18B20 读取一个字节
//返回值:读到的数据
u8 DS18B20_Read_Byte(void)
{
    u8 i, j, dat = 0;
    for(i=1; i<=8; i++) {
        j = DS18B20_Read_Bit();
        dat = (j << 7) |(dat >> 1);
    }
    return dat;
}


//写一个字节到 DS18B20
//dat:要写入的字节
void DS18B20_Write_Byte(u8 dat)
{
    u8 j, testb;
    DS18B20_IO_OUT();
    for(j=1; j<=8; j++) {
        testb = dat & 0x01;
        dat = dat >> 1;
        if(testb) {
```

```
        DS18B20_DQ_OUT = 0;//Write 1
        delay_us(2);
        DS18B20_DQ_OUT = 1;
        delay_us(60);
    }
    else {
        DS18B20_DQ_OUT = 0;//Write 0
        delay_us(60);
        DS18B20_DQ_OUT = 1;
        delay_us(2);
    }
    }
}


//开始温度转换
void DS18B20_Start(void)
{
    DS18B20_Rst();
    DS18B20_Check();
    DS18B20_Write_Byte(0xcc);                      //skip rom
    DS18B20_Write_Byte(0x44);                      //convert
}


//初始化DS18B20的IO口DQ同时检测DS的存在
//返回:1=不存在 0=存在
u8 DS18B20_Init(void)
{
    GPIO_InitTypeDef GPIO_InitStructure;
    //使能GPIOG时钟
    RCC_AHB1PeriphClockCmd(RCC_AHB1Periph_GPIOG, ENABLE);
    GPIO_InitStructure.GPIO_Pin = GPIO_Pin_9;         //GPIOG9
    GPIO_InitStructure.GPIO_Mode = GPIO_Mode_OUT;     //普通输出
    GPIO_InitStructure.GPIO_OType = GPIO_OType_PP;    //推挽输出
    GPIO_InitStructure.GPIO_Speed = GPIO_Speed_50MHz; //50MHz
    GPIO_InitStructure.GPIO_PuPd = GPIO_PuPd_UP;      //上拉
    GPIO_Init(GPIOG, &GPIO_InitStructure);            //初始化
    DS18B20_Rst();
    return DS18B20_Check();
```

```
}

//从 DS18B20 得到温度值(精度:±0.1℃)
//返回值:温度值(-550~1250)
short DS18B20_Get_Temp(void)
{
    u8 temp, TL, TH;
    short tem;
    DS18B20_Start();
    DS18B20_Rst();
    DS18B20_Check();
    DS18B20_Write_Byte(0xcc);//skip rom
    DS18B20_Write_Byte(0xbe);//convert
    TL=DS18B20_Read_Byte();//LSB
    TH=DS18B20_Read_Byte();//MSB
    if(TH>7) {
        TH = ~TH;
        TL = ~TL;
        temp = 0;                            //温度为负
    }
    else
        temp = 1;                            //温度为正
    tem = TH;                                //获得高八位
    tem <<= 8;
    tem += TL;                               //获得底八位
    tem = (double)tem * 0.625;               //转换
    if(temp) return tem;                     //返回温度值
    else return -tem;
}
```

11.20   内存管理实验

```
-- Project:STM32F4_Examples\Ex26_MALLOC
#include "sys.h"
#include "delay.h"
#include "lcd.h"
#include "key.h"
#include "sram.h"
```

```c
#include "malloc.h"

int main(void)
{
    u8 key;
    u8 i = 0;
    u8 *p = 0;
    u8 *tp = 0;
    u8 paddr[18];                             //存放 P Addr:+p 地址的 ASCII 值
    u8 sramx = 0;                             //默认为内部 sram
    //设置系统中断优先级分组 2
    NVIC_PriorityGroupConfig(NVIC_PriorityGroup_2);
    delay_init(168);                          //初始化延时函数
    LCD_Init();                               //LCD 初始化
    KEY_Init();                               //按键初始化
    FSMC_SRAM_Init();                         //初始化外部 SRAM
    my_mem_init(SRAMIN);                      //初始化内部内存池
    my_mem_init(SRAMEX);                      //初始化外部内存池
    my_mem_init(SRAMCCM);                     //初始化 CCM 内存池
    POINT_COLOR = RED;                        //设置字体为红色
    LCD_ShowString(30,30,200,16,16,"STM32F407");
    LCD_ShowString(30,50,200,16,16,"MEMORY MALLOC TEST");
    LCD_ShowString(30,70,200,16,16,"Wuxi Huawen-Merke");
    LCD_ShowString(30,110,200,16,16,"KEY0:Malloc  KEY2:Free");
    LCD_ShowString(30,130,200,16,16,"WKUP:SRAMx   KEY1:Read");
    POINT_COLOR = BLUE;                       //设置字体为蓝色
    LCD_ShowString(30,170,200,16,16,"Internal SRAM");
    LCD_ShowString(30,190,200,16,16,"IN.SRAM Used:    %");
    LCD_ShowString(30,210,200,16,16,"EX.SRAM Used:    %");
    LCD_ShowString(30,230,200,16,16,"CCM SRAM Used:    %");
    while(1) {
        key = KEY_Scan(0);                            //不支持连按
        switch(key) {
            case 0:                                   //没有按键按下
                break;
            case KEY0_PRES:                           //KEY0 按下
                p = mymalloc(sramx, 2048);            //申请 2K 字节
                if(p!= NULL)
```

```
                sprintf((char *)p, "Memory Malloc Test%03d", i);
            break;
        case KEY1_PRES:                                    //KEY1 按下
            if(p! = NULL) {
                sprintf((char *)p, "Memory Malloc Test%03d", i);
                LCD_ShowString(30,270,200,16,16,p);  //显示 P 的内容
            }
            break;
        case KEY2_PRES:                                    //KEY2 按下
            myfree(sramx, p);                              //释放内存
            p = 0;                                          //指向空地址
            break;
        case WKUP_PRES:                                    //WK-UP 按下
            sramx++;
            if(sramx > 2)
                sramx = 0;
            if(sramx == 0)
                LCD_ShowString(30,170,200,16,16,"Internal SRAM");
            else if(sramx == 1)
                LCD_ShowString(30,170,200,16,16,"Extended SRAM");
            else
                LCD_ShowString(30,170,200,16,16,"STM32 CCM RAM");
            break;
    }
    if(tp! = p) {
        tp = p;
        sprintf((char *)paddr, "P Addr:0x%08X", (u32)tp);
        LCD_ShowString(30,250,200,16,16,paddr); //显示 p 的地址
        if(p)
            LCD_ShowString(30,270,200,16,16,p);  //显示 P 的内容
        else
            LCD_Fill(30,270,239,266,WHITE);       //p = 0,清除显示
    }
    delay_ms(10);
    i++;
    if((i % 20) == 0) {
        //显示内部内存使用率
        LCD_ShowNum(30+120,190,my_mem_perused(SRAMIN),3,16);
```

```
        //显示外部内存使用率
        LCD_ShowNum(30+120,210,my_mem_perused(SRAMEX),3,16);
        //显示 CCM 内存使用率
        LCD_ShowNum(30+120,230,my_mem_perused(SRAMCCM),3,16);
        }
    }
}
```

11.21　RS485 通信实验

-- Project：STM32F4_Examples\Ex27_RS485

-- ===== File：main.c =====

```
#include "sys.h"
#include "delay.h"
#include "lcd.h"
#include "key.h"
#include "rs485.h"

int main(void)
{
    u8 key, i = 0, t = 0, cnt = 0;
    u8 rs485buf[5];
    //设置系统中断优先级分组 2
    NVIC_PriorityGroupConfig(NVIC_PriorityGroup_2);
    delay_init(168);                              //初始化延时函数
    LCD_Init();                                   //LCD 初始化
    KEY_Init();                                   //按键初始化
    RS485_Init(9600);                             //初始化 RS485 串口 2
    POINT_COLOR = RED;                            //设置字体为红色
    LCD_ShowString(30,50,200,16,16,"STM32F407");
    LCD_ShowString(30,70,200,16,16,"RS485 TEST");
    LCD_ShowString(30,90,200,16,16,"Wuxi Huawen-Merke");
    LCD_ShowString(30,130,200,16,16,"KEY0:Send");   //显示提示信息
    POINT_COLOR = BLUE;                            //设置字体为蓝色
    LCD_ShowString(30,170,200,16,16,"Count:");      //显示当前计数值
    LCD_ShowString(30,210,200,16,16,"Send Data:");  //提示发送的数据
    LCD_ShowString(30,250,200,16,16,"Receive Data:");
                                                  //提示接收到的数据
```

```
    while(1) {
        key = KEY_Scan(0);
        if(key == KEY0_PRES) {              //KEY0 按下,发送一次数据
            for(i=0; i<5; i++) {
                rs485buf[i] = cnt + i;      //填充发送缓冲区
                LCD_ShowxNum(30+i*32,230,rs485buf[i],3,16,
                0x80);                      //显示数据
            }
            RS485_Send_Data(rs485buf,5);    //发送 5 个字节
        }
        RS485_Receive_Data(rs485buf, &key);
        if(key) {                           //接收到有数据
            if(key > 5) key = 5;            //最大是 5 个数据.
            for(i=0; i<key; i++)
                LCD_ShowxNum(30+i*32,270,rs485buf[i],3,16,
                0x80);                      //显示数据
        }
        t++;
        delay_ms(10);
        if(t == 20) {
            t = 0;
            cnt++;
            LCD_ShowxNum(30+48,170,cnt,3,16,0x80);    //显示数据
        }
    }
}

-- ====== File: rs485. h =====
#ifndef _RS485_H
#define _RS485_H
#include "sys h"
extern u8 RS485_RX_BUF[64];              //接收缓冲,最大 64 个字节
extern u8 RS485_RX_CNT;                  //接收到的数据长度
//模式控制
#define RS485_TX_EN PGout(8)             //485 模式控制.0,接收;1,发送
//如果想串口中断接收,设置 EN_USART2_RX 为 1,否则设置为 0
#define EN_USART2_RX 1                   //0,不接收;1,接收
void RS485_Init(u32 baud);
```

```
void RS485_Send_Data(u8 *buf, u8 len);
void RS485_Receive_Data(u8 *buf, u8 *len);
#endif


-- ===== File: rs485.c =====
#include "sys.h"
#include "rs485.h"
#include "delay.h"


#if EN_USART2_RX                                //如果接收了使能
u8 RS485_RX_BUF[64];                            //接收缓冲,最大 64 个字节
u8 RS485_RX_CNT = 0;                            //接收到的数据长度


void USART2_IRQHandler(void)
{
    u8 res;
    if(USART_GetITStatus(USART2, USART_IT_RXNE) ! = RESET)
    {                                           //接收到数据
        res = USART_ReceiveData(USART2);        //读取接收到的数据
        if(RS485_RX_CNT < 64) {
            RS485_RX_BUF[RS485_RX_CNT] = res;   //记录接收到的值
            RS485_RX_CNT++;                      //接收数据增加 1
        }
    }
}
#endif


//初始化 IO 串口 2
//baud:波特率
void RS485_Init(u32 baud)
{
    GPIO_InitTypeDef GPIO_InitStructure;
    USART_InitTypeDef USART_InitStructure;
    NVIC_InitTypeDef NVIC_InitStructure;

    RCC_AHB1PeriphClockCmd(RCC_AHB1Periph_GPIOA, ENABLE);
    RCC_APB1PeriphClockCmd(RCC_APB1Periph_USART2, ENABLE);
```

```
    GPIO_PinAFConfig(GPIOA,GPIO_PinSource2,GPIO_AF_USART2);
                                                        //PA2->U2TX
    GPIO_PinAFConfig(GPIOA,GPIO_PinSource3,GPIO_AF_USART2);
                                                        //PA3->U2RX


    //USART2
    GPIO_InitStructure.GPIO_Pin = GPIO_Pin_2 |GPIO_Pin_3;
    GPIO_InitStructure.GPIO_Mode = GPIO_Mode_AF;        //复用功能
    GPIO_InitStructure.GPIO_Speed = GPIO_Speed_100MHz;  //速度100MHz
    GPIO_InitStructure.GPIO_OType = GPIO_OType_PP;      //推挽复用输出
    GPIO_InitStructure.GPIO_PuPd = GPIO_PuPd_UP;        //上拉
    GPIO_Init(GPIOA,&GPIO_InitStructure);               //初始化PA2,PA3


    //PG8 推挽输出,485 模式控制
    GPIO_InitStructure.GPIO_Pin = GPIO_Pin_8;
    GPIO_InitStructure.GPIO_Mode = GPIO_Mode_OUT;       //输出
    GPIO_InitStructure.GPIO_Speed = GPIO_Speed_100MHz;  //速度100MHz
    GPIO_InitStructure.GPIO_OType = GPIO_OType_PP;      //推挽输出
    GPIO_InitStructure.GPIO_PuPd = GPIO_PuPd_UP;        //上拉
    GPIO_Init(GPIOG,&GPIO_InitStructure);               //初始化PG8


    //USART2 初始化设置
    USART_InitStructure.USART_BaudRate = baud;          //波特率设置
    USART_InitStructure.USART_WordLength = USART_WordLength_8b;
    USART_InitStructure.USART_StopBits = USART_StopBits_1;
    USART_InitStructure.USART_Parity = USART_Parity_No;
    USART_InitStructure.USART_HardwareFlowControl=USART_Hard-
    wareFlowControl_None;
    USART_InitStructure.USART_Mode = USART_Mode_Rx | USART_
    Mode_Tx;
    USART_Init(USART2, &USART_InitStructure);           //初始化串口2

    USART_Cmd(USART2, ENABLE);                          //使能串口2
    USART_ClearFlag(USART2, USART_FLAG_TC);

#if EN_USART2_RX
    USART_ITConfig(USART2, USART_IT_RXNE, ENABLE);  //开启接受中断
```

```
    //Usart2 NVIC 配置
    NVIC_InitStructure.NVIC_IRQChannel = USART2_IRQn;
    NVIC_InitStructure.NVIC_IRQChannelPreemptionPriority = 3;
    NVIC_InitStructure.NVIC_IRQChannelSubPriority = 3;//子优先级 3
    NVIC_InitStructure.NVIC_IRQChannelCmd = ENABLE;  //IRQ 通道使能
    NVIC_Init(&NVIC_InitStructure);  //根据指定的参数初始化 VIC 寄存器
#endif

    RS485_TX_EN = 0;                        //默认为接收模式
}


//RS485 发送 len 个字节
//buf:发送区首地址
//len:发送的字节数(为了和本代码的接收匹配,这里建议不要超过 64 个字节)
void RS485_Send_Data(u8 * buf, u8 len)
{
    u8 t;
    RS485_TX_EN = 1;                        //设置为发送模式
    for(t = 0; t<len; t++) {                //循环发送数据
        //等待发送结束
        while(USART_GetFlagStatus(USART2,USART_FLAG_TC) = = RESET);
        USART_SendData(USART2, buf[t]);                 //发送数据
    }
    //等待发送结束
    while(USART_GetFlagStatus(USART2,USART_FLAG_TC) = = RESET);
    RS485_RX_CNT = 0;
    RS485_TX_EN = 0;                        //设置为接收模式
}


//RS485 查询接收到的数据
//buf:接收缓存首地址
//len:读到的数据长度
void RS485_Receive_Data(u8 * buf, u8 * len)
{
    u8 rxlen = RS485_RX_CNT;
    u8 i = 0;
    * len = 0;                              //默认为 0
    delay_ms(10);   //等待 10ms,连续超过 10ms 没有接收到数据则认为接收结束
```

```
    if(rxlen == RS485_RX_CNT && rxlen) {        //接收到数据,且接收完成
        for(i=0; i<rxlen; i++)
            buf[i] = RS485_RX_BUF[i];
        *len = RS485_RX_CNT;                     //记录本次数据长度
        RS485_RX_CNT = 0;                        //清零
    }
}
```

11.22　SD 卡访问实验

-- Project：STM32F4_Examples\Ex29_SD

```c
#include "sys.h"
#include "delay.h"
#include "lcd.h"
#include "key.h"
#include "malloc.h"
#include "sdio_sdcard.h"

int main(void)
{
    u8 key;
    u32 i, sd_size;
    u8 *buf, tmpinfo[32];
    //设置系统中断优先级分组 2
    NVIC_PriorityGroupConfig(NVIC_PriorityGroup_2);
    delay_init(168);                             //初始化延时函数
    LCD_Init();                                  //LCD 初始化
    KEY_Init();                                  //按键初始化
    my_mem_init(SRAMIN);                         //初始化内部内存池
    my_mem_init(SRAMCCM);                        //初始化 CCM 内存池
    POINT_COLOR=RED;                             //设置字体为红色
    LCD_ShowString(20,20,200,16,16,"STM32F407");
    LCD_ShowString(20,40,200,16,16,"SD CARD TEST");
    LCD_ShowString(20,60,200,16,16,"Wuxi Huawen-Merke");
    //检测不到 SD 卡
    while(SD_Init()) {
        LCD_ShowString(20,100,200,16,16,"SD Card Error!");
        delay_ms(500);
```

```
        LCD_ShowString(20,100,200,16,16,"Please Check! ");
        delay_ms(500);
    }
    LCD_ShowString(20,100,200,16,16,"SD Card OK!    ");
    LCD_ShowString(20,280,200,16,16,"KEY0：Read Sector 0");
    POINT_COLOR=BLUE;                           //设置字体为蓝色
    LCD_ShowString(20,140,200,16,16,"About your SD Card...");
    LCD_ShowString(20,160,200,16,16,"Card Size：      MB");
    LCD_ShowNum(20+11*8,160,SDCardInfo.CardCapacity>>20,5,16);
                                                //显示 SD 卡容量
    //显示 SD 卡信息
    switch(SDCardInfo.CardType) {
        case SDIO_STD_CAPACITY_SD_CARD_V1_1：
            LCD_ShowString(20,180,200,16,16,"Card Type：SDSC V1.1");
            break;
        case SDIO_STD_CAPACITY_SD_CARD_V2_0：
            LCD_ShowString(20,180,200,16,16,"Card Type：SDSC V2.0");
            break;
        case SDIO_HIGH_CAPACITY_SD_CARD：
            LCD_ShowString(20,180,200,16,16,"Card Type：SDHC V2.0");
            break;
        case SDIO_MULTIMEDIA_CARD：
            LCD_ShowString(20,180,200,16,16,"Card Type：MMC Card");
            break;
    }
    sprintf((char*)tmpinfo,"Card ManufacturerID：0x%02X",
        SDCardInfo.SD_cid.ManufacturerID);      //制造商 ID
    LCD_ShowString(20,200,208,16,16,tmpinfo);
    sprintf((char*)tmpinfo,"Card RCA：0x%04X",
        SDCardInfo.RCA);                        //卡相对地址
    LCD_ShowString(20,220,208,16,16,tmpinfo);
    sprintf((char*)tmpinfo,"Card BlockSize：0x%08X",
        SDCardInfo.CardBlockSize);              //显示块大小
    LCD_ShowString(20,240,208,16,16,tmpinfo);
    //检测 SD 卡成功
    while(1) {
        key=KEY_Scan(0);
        if(key==KEY0_PRES) {                    //KEY0 按下了
```

```
buf = mymalloc(0,512);                              //申请内存
if(SD_ReadDisk(buf,0,1) = = 0) {        //读取 0 扇区的内容成功
    while(1) {
        LCD_Fill(0,0,239,319,WHITE);     //清屏
        POINT_COLOR = RED;                        //设置字体为红色
        LCD_ShowString(20,3,208,16,16,
            "(1/2) Data of Sector 0:");
        LCD_ShowString(20,298,208,16,16,
            "WKUP:PageUp   KEY1:PageDown");
        POINT_COLOR = BLUE;                       //设置字体为蓝色
        for(i = 30,sd_size = 0;i<=270;i+=16,sd_size+=16) {
            sprintf((char * )tmpinfo,
                "% 02X% 02X% 02X% 02X% 02X% 02X% 02X% 02X" \
                "% 02X% 02X% 02X% 02X% 02X% 02X% 02X% 02X",
                buf[sd_size+0],buf[sd_size+1],
                buf[sd_size+2],buf[sd_size+3],
                buf[sd_size+4],buf[sd_size+5],
                buf[sd_size+6],buf[sd_size+7],
                buf[sd_size+8],buf[sd_size+9],
                buf[sd_size+10],buf[sd_size+11],
                buf[sd_size+12],buf[sd_size+13],
                buf[sd_size+14],buf[sd_size+15]
            );
            LCD_ShowString(24,i,208,12,12,tmpinfo);
        }

        while(KEY_Scan(0)! =KEY1_PRES);
        LCD_Fill(0,0,239,319,WHITE);     //清屏
        POINT_COLOR = RED;                        //设置字体为红色
        LCD_ShowString(20,3,208,16,16,
            "(2/2) Data of Sector 0:");
        LCD_ShowString(20,298,208,16,16,
            "WKUP:PageUp   KEY1:PageDown");
        POINT_COLOR = BLUE;                       //设置字体为蓝色
        for(i = 30;i<=270;i+=16,sd_size+=16) {
            sprintf((char * )tmpinfo,
                "% 02X% 02X% 02X% 02X% 02X% 02X% 02X% 02X" \
                "% 02X% 02X% 02X% 02X% 02X% 02X% 02X% 02X",
```

```
                             buf[sd_size+0],buf[sd_size+1],
                             buf[sd_size+2],buf[sd_size+3],
                             buf[sd_size+4],buf[sd_size+5],
                             buf[sd_size+6],buf[sd_size+7],
                             buf[sd_size+8],buf[sd_size+9],
                             buf[sd_size+10],buf[sd_size+11],
                             buf[sd_size+12],buf[sd_size+13],
                             buf[sd_size+14],buf[sd_size+15]
                          );
                          LCD_ShowString(24,i,208,12,12,tmpinfo);
                       }
                    while(KEY_Scan(0)! =WKUP_PRES);
                    }
                }
                else {                              //读取 0 扇区失败
                    POINT_COLOR=RED;                //设置字体为红色
                    LCD_ShowString(20,280,200,16,16,"Read Sector 0 error");
                    delay_ms(2000);
                    LCD_ShowString(20,280,200,16,16,"KEY0: Read Sector 0");
                }
                myfree(0,buf);                      //释放内存
            }
            delay_ms(10);
        }
}
```

11.23　FATFS 文件系统实验

```
-- Project：STM32F4_Examples\Ex30_FATFS
#include "sys.h"
#include "delay.h"
#include "lcd.h"
#include "key.h"
#include "sram.h"
#include "malloc.h"
#include "sdio_sdcard.h"
#include "malloc.h"
#include "w25qxx.h"
```

```
#include "ff.h"
#include "exfuns.h"

u8 MFScanFiles(u8 *path)
{
    u8 i = 0, dirinfo[20][32];
    u16 y = 12;
    FRESULT res;
    char *fn;
#if _USE_LFN
    fileinfo.lfsize = _MAX_LFN * 2 + 1;
    fileinfo.lfname = mymalloc(SRAMIN,fileinfo.lfsize);
#endif
    res = f_opendir(&dir,(const TCHAR *)path);      //打开一个目录
    if(res == FR_OK) {
        while(1) {
            res = f_readdir(&dir, &fileinfo); //读取目录下的一个文件
            if(res! =FR_OK || fileinfo.fname[0]==0) break;
                                     //出错或到末尾了,退出
#if _USE_LFN
            fn = *fileinfo.lfname ? fileinfo.lfname : fileinfo.fname;
#else
            fn = fileinfo.fname;
#endif
            sprintf((char *)dirinfo[i],"%s/%s", path, fn);
                                     //显示文件名
            LCD_ShowString(24,y,208,12,12,(u8 *)dirinfo[i]);
            i++;
            y+=12;
            if(i>24) break;
        }
    }
    myfree(SRAMIN,fileinfo.lfname);
    return res;
}

int main(void)
{
```

```
u32 total,free;
u8 res = 0;
//设置系统中断优先级分组2
NVIC_PriorityGroupConfig(NVIC_PriorityGroup_2);
delay_init(168);                          //初始化延时函数
LCD_Init();                               //LCD 初始化
KEY_Init();                               //按键初始化
W25QXX_Init();                            //初始化 W25Q128
my_mem_init(SRAMIN);                      //初始化内部内存池
my_mem_init(SRAMCCM);                     //初始化 CCM 内存池
POINT_COLOR=RED;                          //设置字体为红色
LCD_ShowString(30,50,200,16,16,"STM32F4");
LCD_ShowString(30,70,200,16,16,"FATFS TEST");
LCD_ShowString(30,90,200,16,16,"Wuxi Huawen-Merke");
while(SD_Init()) {                        //检测不到 SD 卡
    LCD_ShowString(30,150,200,16,16,"SD Card Error!");
    delay_ms(500);
    LCD_ShowString(30,150,200,16,16,"Please Check! ");
    delay_ms(500);
}
exfuns_init();                            //为 fatfs 相关变量申请内存
f_mount(fs[0],"0:",1);                    //挂载 SD 卡
res=f_mount(fs[1],"1:",1);                //挂载 FLASH
if(res==0x0D) {    //FLASH 磁盘,FAT 文件系统错误,重新格式化 FLASH
    LCD_ShowString(30,150,200,16,16,"Flash Disk Formatting...");
    res=f_mkfs("1:",1,4096);              //格式化 FLASH
    if(res==0) {
        f_setlabel((const TCHAR * )"1:MERKE");
                                          //设置 Flash 磁盘名字
        LCD_ShowString(30,150,200,16,16,"Flash Disk Format
        Finish");
    }
    else
        LCD_ShowString(30,150,200,16,16,"Flash Disk Format
        Error ");
    delay_ms(1000);
}
LCD_Fill(30,150,240,150+16,WHITE);        //清除显示
```

```
while(exf_getfree("0",&total,&free)){ //得到 SD 卡的总容量和剩余容量
    LCD_ShowString(30,150,200,16,16,"SD Card Fatfs Error!");
    delay_ms(200);
    LCD_Fill(30,150,240,150+16,WHITE);        //清除显示
    delay_ms(200);
}
POINT_COLOR=BLUE;                             //设置字体为蓝色
LCD_ShowString(30,150,200,16,16,"FATFS OK!");
LCD_ShowString(30,170,200,16,16,"SD Total Size:    MB");
LCD_ShowString(30,190,200,16,16,"SD  Free Size:    MB");
LCD_ShowNum(30+8*14,170,total>>10,5,16);    //显示 SD 卡总容量
LCD_ShowNum(30+8*14,190,free>>10,5,16);     //显示 SD 卡剩余容量
POINT_COLOR=RED;                             //设置字体为红色
LCD_ShowString(30,250,200,16,16,"KEY0: Show files (1-25)");
while(KEY_Scan(0)! =KEY0_PRES);              //等待 KEY0 按下
LCD_Fill(0,0,239,319,WHITE);                 //清屏
POINT_COLOR=BLUE;                            //设置字体为蓝色
MFScanFiles("0:");                           //列目录

while(1);
}
```

11.24　汉字显示实验

-- Project：STM32F4_Examples\Ex31_CHINESE
```
#include "sys.h"
#include "delay.h"
#include "lcd.h"
#include "key.h"
#include "sram.h"
#include "malloc.h"
#include "sdio_sdcard.h"
#include "malloc.h"
#include "w25qxx.h"
#include "ff.h"
#include "exfuns.h"
#include "fontupd.h"
#include "text.h"
```

```
int main(void)
{
    u32 fontcnt;
    u8 i,j,key,t;
    u8 fontx[2];                                  //GBK 码
    //设置系统中断优先级分组 2
    NVIC_PriorityGroupConfig(NVIC_PriorityGroup_2);
    delay_init(168);                              //初始化延时函数
    LCD_Init();                                   //LCD 初始化
    KEY_Init();                                   //按键初始化
    W25QXX_Init();                                //初始化 W25Q128
    my_mem_init(SRAMIN);                          //初始化内部内存池
    my_mem_init(SRAMCCM);                         //初始化 CCM 内存池
    exfuns_init();                                //为 fatfs 相关变量申请内存
    f_mount(fs[0],"0:",1);                        //挂载 SD 卡
    f_mount(fs[1],"1:",1);                        //挂载 FLASH.
    while(font_init()) {                          //检查字库
UPD:    LCD_Clear(WHITE);                         //清屏
        POINT_COLOR=RED;                          //设置字体为红色
        LCD_ShowString(30,50,200,16,16,"STM32F4");
        while(SD_Init()) {                        //检测 SD 卡
            LCD_ShowString(30,70,200,16,16,"SD Card Failed!");
            delay_ms(200);
            LCD_Fill(30,70,200+30,70+16,WHITE);
            delay_ms(200);
        }
        LCD_ShowString(30,70,200,16,16,"SD Card OK");
        LCD_ShowString(30,90,200,16,16,"Font Updating...");
        key=update_font(20,110,16,"0:");                    //更新字库
        while(key) {                              //更新失败
            LCD_ShowString(30,110,200,16,16,"Font Update Failed!");
            delay_ms(200);
            LCD_Fill(20,110,200+20,110+16,WHITE);
            delay_ms(200);
        }
        LCD_ShowString(30,110,200,16,16,"Font Update Success!");
        delay_ms(1500);
```

```
        LCD_Clear(WHITE);                       //清屏
    }
    POINT_COLOR = RED;
    Show_Str(30,50,200,16,"STM32F407 核心板",16,0);
    Show_Str(30,70,200,16,"GBK 字库测试程序",16,0);
    Show_Str(30,90,200,16,"无锡华文默克",16,0);
    Show_Str(30,120,200,16,"按 KEY0 更新字库",16,0);
    POINT_COLOR = BLUE;
    Show_Str(30,150,200,16,"内码高字节:",16,0);
    Show_Str(30,170,200,16,"内码低字节:",16,0);
    Show_Str(30,190,200,16,"汉字计数器:",16,0);
    Show_Str(30,220,200,24,"对应汉字为:",24,0);
    Show_Str(30,244,200,16,"对应汉字(16*16)为:",16,0);
    Show_Str(30,260,200,12,"对应汉字(12*12)为:",12,0);
    while(1) {
        fontcnt = 0;
        for(i = 0x81;i<0xff;i++) {
            fontx[0] = i;
            LCD_ShowNum(126,150,i,3,16);        //显示内码高字节
            for(j = 0x40;j<0xfe;j++) {
                if(j == 0x7f) continue;
                fontcnt++;
                LCD_ShowNum(126,170,j,3,16);    //显示内码低字节
                LCD_ShowNum(126,190,fontcnt,5,16);   //汉字计数显示
                fontx[1] = j;
                Show_Font(30+132+12,220,fontx,24,0);
                Show_Font(30+144+8,244,fontx,16,0);
                Show_Font(30+108+6,260,fontx,12,0);
                t = 200;
                while(t--) {                         //延时,同时扫描按键
                    delay_ms(1);
                    key = KEY_Scan(0);
                    if(key == KEY0_PRES) goto UPD;
                }
            }
        }
    }
}
```

11.25　T9 拼音输入法实验

-- Project：STM32F4_Examples\Ex37_PINYIN

```
#include "sys.h"
#include "delay.h"
#include "lcd.h"
#include "key.h"
#include "malloc.h"
#include "w25qxx.h"
#include "fontupd.h"
#include "text.h"
#include "pyinput.h"
#include "touch.h"
#include "string.h"

//数字表
const u8 *kbd_tbl[9] = {
    "←","2","3","4","5","6","7","8","9"
};
//字符表
const u8 *kbs_tbl[9] = {
    "DEL","abc","def","ghi","jkl","mno","pqrs","tuv","wxyz"
};

//加载键盘界面
//x,y:界面起始坐标
void py_load_ui(u16 x,u16 y)
{
    u16 i;
    POINT_COLOR=RED;
    LCD_DrawRectangle(x,y,x+180,y+120);
    LCD_DrawRectangle(x+60,y,x+120,y+120);
    LCD_DrawRectangle(x,y+40,x+180,y+80);
    POINT_COLOR=BLUE;
    for(i=0; i<9; i++) {
        Show_Str_Mid(x+(i%3)*60,y+4+40*(i/3),(u8 *)kbd_tbl
        [i],16,60);
```

```
        Show_Str_Mid(x+(i%3)*60,y+20+40*(i/3),(u8*)kbs_tbl
        [i],16,60);
    }
}
//按键状态设置
//x,y:键盘坐标
//key:键值(0~8)
//sta:状态,0=松开;1=按下;
void py_key_staset(u16 x,u16 y,u8 keyx,u8 sta)
{
    u16 i = keyx /3, j = keyx % 3;
    if(keyx > 8)
        return;
    if(sta)LCD_Fill(x+j*60+1,y+i*40+1,x+j*60+59,y+i*40+39,
    GREEN);
    else LCD_Fill(x+j*60+1,y+i*40+1,x+j*60+59,y+i*40+39,
    WHITE);
    Show_Str_Mid(x+j*60,y+4+40*i,(u8*)kbd_tbl[keyx],16,60);
    Show_Str_Mid(x+j*60,y+20+40*i,(u8*)kbs_tbl[keyx],16,60);
}


//得到触摸屏的输入
//x,y:键盘坐标
//返回值:按键键值(1~9有效;0,无效)
u8 py_get_keynum(u16 x,u16 y)
{
    u16 i,j;
    static u8 key_x=0;          //0,没有任何按键按下;1~9,1~9号按键按下
    u8 key=0;
    tp_dev.scan(0);
    if(tp_dev.sta&TP_PRES_DOWN){                    //触摸屏被按下
        for(i=0;i<3;i++){
            for(j=0;j<3;j++){
                if(tp_dev.x[0]<(x+j*60+60)&&tp_dev.x[0]>(x+j*60)&&
                    tp_dev.y[0]<(y+i*40+40)&&tp_dev.y[0]>(y+i*40))
                {
                    key = i * 3 + j + 1;
                    break;
```

```
            }
        }
        if(key) {
            if(key_x==key)
                key=0;
            else {
                py_key_staset(x,y,key_x-1,0);
                key_x=key;
                py_key_staset(x,y,key_x-1,1);
            }
            break;
        }
    }
}
else if(key_x) {
    py_key_staset(x,y,key_x-1,0);
    key_x=0;
}
return key;
}
//显示结果
//index:0=表示没有一个匹配的结果,清空之前的显示非0=索引号
void py_show_result(u8 index)
{
    LCD_ShowNum(30+144,125,index,1,16);                //显示当前的索引
    LCD_Fill(30+40,125,30+40+48,130+16,WHITE);         //清除之前的显示
    LCD_Fill(30+40,145,30+200,145+48,WHITE);           //清除之前的显示
    if(index) {
        Show_Str(30+40,125,200,16,t9.pymb[index-1]->py,16,0);
                                                        //显示拼音
        Show_Str(30+40,145,160,48,t9.pymb[index-1]->pymb,16,0);
                                                        //显示对应汉字
        printf("\r\n拼音:%s\r\n",t9.pymb[index-1]->py);
                                                        //输出拼音
        printf("结果:%s\r\n",t9.pymb[index-1]->pymb);   //输出结果
    }
}
```

```
int main(void)
{
    u8 result_num;
    u8 cur_index;
    u8 key;
    u8 inputstr[7];                                    //最大输入 6 个字符+结束符
    u8 inputlen;                                       //输入长度
    //设置系统中断优先级分组 2
    NVIC_PriorityGroupConfig(NVIC_PriorityGroup_2);
    delay_init(168);                                   //初始化延时函数
    LCD_Init();                                        //LCD 初始化
    KEY_Init();                                        //按键初始化
    W25QXX_Init();                                     //初始化 W25Q128
    tp_dev.init();                                     //初始化触摸屏
    my_mem_init(SRAMIN);                               //初始化内部内存池
    my_mem_init(SRAMCCM);                              //初始化 CCM 内存池
RESTART:
    POINT_COLOR=RED;
    while(font_init()) {                               //检查字库
        LCD_ShowString(60,50,200,16,16,"Font Error!");
        delay_ms(200);
        LCD_Fill(60,50,240,66,WHITE);                 //清除显示
    }
    Show_Str(30,5,200,16,"STM32F407 核心板",16,0);
    Show_Str(30,25,200,16,"拼音输入法实验",16,0);
    Show_Str(30,45,200,16,"无锡华文默克",16,0);
    Show_Str(30,65,200,16,"KEY2:校准    KEY0:清除",16,0);
    Show_Str(30,85,200,16,"WKUP:上翻    KEY1:下翻",16,0);
    Show_Str(30,105,200,16,"输入：        匹配：    ",16,0);
    Show_Str(30,125,200,16,"拼音：        当前：    ",16,0);
    Show_Str(30,145,210,32,"结果：",16,0);
    py_load_ui(30,195);
    memset(inputstr,0,7);                             //全部清零
    inputlen=0;                                        //输入长度为 0
    result_num=0;                                      //总匹配数清零
    cur_index=0;
    while(1) {
        delay_ms(10);
```

```
key=py_get_keynum(30,195);
if(key){
    if(key==1){                             //删除
        if(inputlen)inputlen--;
        inputstr[inputlen]='\0';            //添加结束符
    }
    else{
        inputstr[inputlen]=key+'0';         //输入字符
        if(inputlen<7)inputlen++;
    }
    if(inputstr[0]!=NULL){
        key=t9.getpymb(inputstr);           //得到匹配的结果数
        if(key){                        //有部分匹配/完全匹配的结果
            result_num=key;                 //总匹配结果
            cur_index=1;                    //当前为第一个索引
            if(key&0x80){                   //是部分匹配
                inputlen=key&0x7F;          //有效匹配位数
                inputstr[inputlen]='\0';    //不匹配的位数去掉
                if(inputlen>1)
                    result_num=t9.getpymb(inputstr);
                                            //获匹配数
            }
        }
        else{                               //无任何匹配
            inputlen--;
            inputstr[inputlen]='\0';
        }
    }
    else{
        cur_index=0;
        result_num=0;
    }
    LCD_Fill(30+40,105,30+40+48,110+16,WHITE);
                                            //清除之前显示
    LCD_ShowNum(30+144,105,result_num,1,16);
                                            //显示匹配结果数
    Show_Str(30+40,105,200,16,inputstr,16,0);
                                            //显示有效数字串
```

```
            py_show_result(cur_index);  //显示第 cur_index 的匹配结果
    }
    key=KEY_Scan(0);
    if(key==KEY2_PRES&&tp_dev.touchtype==0) {    //KEY2 按下
        tp_dev.adjust();
        LCD_Clear(WHITE);
        goto RESTART;
    }
    if(result_num) {              //存在匹配的结果
        switch(key) {
            case WKUP_PRES:     //上翻
                if(cur_index<result_num)
                    cur_index++;
                else
                    cur_index=1;
                py_show_result(cur_index);
                            //显示第 cur_index 的匹配结果
                break;
            case KEY1_PRES:       //下翻
                if(cur_index>1)
                    cur_index--;
                else
                    cur_index=result_num;
                py_show_result(cur_index);
                            //显示第 cur_index 的匹配结果
                break;
            case KEY0_PRES:         //清除输入
                LCD_Fill(30+40,145,30+200,145+48,WHITE);
                            //清显示
                goto RESTART;
        }
    }
}
```

11.26 USB U 盘(HOST)实验

-- Project：STM32F4_Examples\Ex40_UDISK_HOST

```c
#include "sys.h"
#include "delay.h"
#include "usart.h"
#include "lcd.h"
#include "key.h"
#include "sram.h"
#include "malloc.h"
#include "w25qxx.h"
#include "sdio_sdcard.h"
#include "ff.h"
#include "exfuns.h"
#include "fontupd.h"
#include "text.h"
#include "piclib.h"
#include "usbh_usr.h"

USBH_HOST USB_Host;
USB_OTG_CORE_HANDLE USB_OTG_Core;

u8 MFScanFiles(u8 *path)
{
    u8 i = 0, dirinfo[20][32];
    u16 y = 12;
    FRESULT res;
        char *fn;
#if _USE_LFN
    fileinfo.lfsize - _MAX_LFN * 2 + 1;
    fileinfo.lfname = mymalloc(SRAMIN,fileinfo.lfsize);
#endif
    res = f_opendir(&dir,(const TCHAR *)path);      //打开一个目录
    if(res == FR_OK) {
        while(1) {
            res = f_readdir(&dir, &fileinfo); //读取目录下的一个文件
            if(res! =FR_OK || fileinfo.fname[0]==0) break;
```

//出错或到末尾了,退出

```
#if _USE_LFN
        fn = *fileinfo.lfname? fileinfo.lfname: fileinfo.fname;
#else
        fn = fileinfo.fname;
#endif
        sprintf((char *)dirinfo[i],"%s/%s", path, fn);
                                                        //显示文件名
        Show_Str(24,y,208,12,(u8 *)dirinfo[i],12,0);
        i++;
        y+=12;
        if(i>24) break;
    }
}
myfree(SRAMIN,fileinfo.lfname);
return res;
}


//用户测试主程序
//返回值:0=正常 1=异常
u8 USH_User_App(void)
{
    u32 total,free;
    u8 res = 0;
    Show_Str(30,130,200,16,"设备连接成功!",16,0);
    res=exf_getfree("2:",&total,&free);
    if(res==0) {
        POINT_COLOR = BLUE;                            //设置字体为蓝色
        LCD_ShowString(30,160,200,16,16,"FATFS OK!");
        LCD_ShowString(30,180,200,16,16,"U Disk Total Size:    MB");
        LCD_ShowString(30,200,200,16,16,"U Disk  Free Size:    MB");
        LCD_ShowNum(174,180,total>>10,5,16);    //显示U盘总容量
        LCD_ShowNum(174,200,free>>10,5,16);
        delay_ms(3000);
        LCD_Fill(0,0,239,319,WHITE);                   //清屏
        MFScanFiles("2:");
    }
    while(HCD_IsDeviceConnected(&USB_OTG_Core));    //设备连接成功
```

```
    POINT_COLOR = RED;                        //设置字体为红色
    Show_Str(30,130,200,16,"设备连接中...",16,0);
    LCD_Fill(30,160,239,220,WHITE);
    return res;
}


int main(void)
{
    //设置系统中断优先级分组2
    NVIC_PriorityGroupConfig(NVIC_PriorityGroup_2);
    delay_init(168);                          //初始化延时函数
    KEY_Init();                               //按键
    LCD_Init();                               //初始化 LCD
    W25QXX_Init();                            //SPI FLASH 初始化
    my_mem_init(SRAMIN);                      //初始化内部内存池
    exfuns_init();                            //为 fatfs 相关变量申请内存
    piclib_init();                            //初始化画图
    f_mount(fs[0],"0:",1);                    //挂载 SD 卡
    f_mount(fs[1],"1:",1);                    //挂载 SD 卡
    f_mount(fs[2],"2:",1);                    //挂载 U 盘
    POINT_COLOR = RED;
    while(font_init()) {                      //检查字库
        LCD_ShowString(60,50,200,16,16,"Font Error!");
        delay_ms(200);
        LCD_Fill(60,50,240,66,WHITE);         //清除显示
        delay_ms(200);
    }
    Show_Str(30,50,200,16,"STM32F407 核心板",16,0);
    Show_Str(30,70,200,16,"USB U 盘实验",16,0);
    Show_Str(30,90,200,16,"无锡华文默克",16,0);
    Show_Str(30,130,200,16,"设备连接中...",16,0);
    USBH_Init(&USB_OTG_Core,USB_OTG_FS_CORE_ID,&USB_Host,
        &USBH_MSC_cb,&USR_Callbacks);                    //初始化 USB 主机
    while(1) {
        USBH_Process(&USB_OTG_Core, &USB_Host);
        delay_ms(1);
    }
}
```

参 考 文 献

[1] 贾丹平. STM32F103x 微控制器与 μCOS Ⅱ 操作系统［M］. 电子工业出版社，2018.

[2] 刘火良，杨森. STM32 库开发实战指南［M］. 2 版. 机械工业出版社，2017.

[3] 张洋，刘军. 精通 STM32F4（库函数版）［M］. 2 版. 北京航空航天大学出版社，2019.